Ferdinand and Elefant Tank Destroyer

火枪手阅读计划
Reading Plan of Musketeers

机械工业出版社
CHINA MACHINE PRESS

费迪南德/象式

鱼鹰军事经典译丛

自行反坦克炮

[英]托马斯·安德森（Thomas Anderson） 著

王行健 译

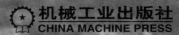

机械工业出版社
CHINA MACHINE PRESS

《费迪南德/象式自行反坦克炮》从研发历程、综合性能、作战运用、维修与回收等维度，全面剖析了费迪南德/象式自行反坦克炮、"灰熊"突击坦克和遥控爆破车，并延伸讲述了重型坦克歼击团、突击坦克营、无线电遥控装甲营等部队的组织架构和战斗经历。

本书由英国战史专家托马斯·安德森撰写，作者基于德国联邦档案馆、美国国家档案与记录管理局等机构保存的战时资料，节选了大量战斗报告、战时通令和官方往来信件，力求以严谨、专业、客观的视角还原费迪南德/象式自行反坦克炮、"灰熊"突击坦克和遥控爆破车的真实面貌。此外，作者还精选了数百幅珍贵的历史照片，收录了多幅战斗力统计表编制示意图，极具观赏和收藏价值。

本书是广大军事爱好者、历史爱好者和模型爱好者不可错过的经典军事科普读物。

FERDINAND AND ELEFANT TANK DESTROYER/ by Thomas Anderson/ ISBN: 978-1-4728-0721-2

©Osprey Publishing, 2015

This edition published by China Machine Press by arrangement with Osprey Publishing, an imprint of Bloomsbury Publishing PLC.

本书由Osprey Publishing授权机械工业出版社在中国大陆地区（不包括香港、澳门特别行政区及台湾地区）出版与发行。未经许可的出口，视为违反著作权法，将受法律制裁。

北京市版权局著作权合同登记 图字: 01-2019-0278号。

图书在版编目（CIP）数据

费迪南德/象式自行反坦克炮 /（英）托马斯·安德森（Thomas Anderson）著；王行健译.—北京: 机械工业出版社，2022.8
（鱼鹰军事经典译丛）
书名原文: Ferdinand and Elefant Tank Destroyer
ISBN 978-7-111-71382-1

Ⅰ.①费… Ⅱ.①托…②王… Ⅲ.①反坦克炮 Ⅳ.①TJ37

中国版本图书馆 CIP 数据核字（2022）第 141148 号

机械工业出版社（北京市百万庄大街 22 号 邮政编码 100037）
策划编辑: 孟 阳　　　　责任编辑: 孟 阳
责任校对: 薄萌钰 王明欣 责任印制: 张 博
北京利丰雅高长城印刷有限公司印刷
2022 年 9 月第 1 版第 1 次印刷
169mm × 239mm · 16.25 印张 · 2 插页 · 347 千字
标准书号: ISBN 978-7-111-71382-1
定价: 118.00 元

电话服务　　　　　　网络服务
客服电话: 010-88361066　机 工 官 网: www.cmpbook.com
　　　　　010-88379833　机 工 官 博: weibo.com/cmp1952
　　　　　010-68326294　金 书 网: www.golden-book.com
封底无防伪标均为盗版　机工教育服务网: www.cmpedu.com

目　录

本书涉及图标含义

引言　　　　　　　　　　　　　　　　　　　　　　　　　1

第 1 章　新式武器　　　　　　　　　　　　　　　　　　9

第 2 章　第 656 重型坦克歼击团的组建　　　　　　　　83

第 3 章　库尔斯克攻势中的第 656 重型坦克
　　　　　歼击团　　　　　　　　　　　　　　　　97

第 4 章　从库尔斯克到尼科波尔　　　　　　　　　　123

第 5 章　回国休整　　　　　　　　　　　　　　　　159

第 6 章　在意大利的作战行动　　　　　　　　　　　169

第 7 章　回到东线　　　　　　　　　　　　　　　　193

第 8 章　尾声　　　　　　　　　　　　　　　　　　229

致谢　　　　　　　　　　　　　　　　　　　　　　248

BergePz Ferdinand	Ferdinand	Berge-Panther	Lkw 1,5 t
"费迪南德"回收车	"费迪南德"自行反坦克炮	"黑豹"坦克回收车	1.5 吨级制式卡车
Lkw 2 t	Lkw 3 t	Lkw 3 t / SdAnh 23	Lkw 3 t / Field Kitchen
2 吨级制式卡车（无线电台载车）	3 吨级制式卡车	3 吨级制式卡车拖挂 Sd.Anh23 蓄电池充电挂车	3 吨级制式卡车拖挂野战厨房挂车
Lkw 4,5 t / Masch Satz A	Lkw 4,5 t / L Ger D	Kfz 1	Kfz 2/40
4.5 吨级制式卡车拖挂电动工具挂车	4.5 吨级制式卡车拖挂发电机挂车	Kfz.1 轻型越野车	Kfz.2/40 轻型维修车
Kfz 15	Kfz 15	Kfz 31	Kfz 76
Kfz.15 中型越野车（无线电台载车）	Kfz.15 中型越野车	Kfz.31 救护车（由 3 吨级运输车改造）	Kfz.76 观测车
Kfz 100	SdKfz 3	SdKfz 7/1 Ammo	SdKfz 7/1
Kfz.100 汽车吊（起重能力 3 吨）	Sd.Kfz.3 半履带运输车	Sd.Kfz.7/1 半履带弹药运输车	Sd.Kfz.7/1 半履带自行高射炮（装四联装 20 毫米口径 Flakvierling 38 炮）

图标含义

SdKfz 9/1	SdKfz 10	SdKfz 20	SdKfz 251/8
Sd.Kfz.9/1 半履带旋转起重机（起重能力 6 吨）	Sd.Kfz.10 半履带牵引车（牵引能力 1 吨）	Sd.Kfz.20 履带牵引车（牵引能力 35 吨）	Sd.Kfz.251/8 半履带装甲救护车
SdKfz 301	PzJg Tiger (P)		
Sd.Kfz.301 遥控爆破车（宝沃 B Ⅳ）	虎（P）自行反坦克炮	挎斗摩托车	两轮摩托车
Muni Pz Ⅲ	Pz Ⅲ 5 cm L/42	StuG Ⅲ 7,5 cm	Munitions träger auf Pz Ⅳ
三号弹药运输车（由三号坦克改造）	三号坦克指挥型	三号突击炮引导车	四号弹药运输车（由四号坦克改造）
	StuPz	Bef StuPz	
四联装 20 毫米口径牵引式高射炮	突击坦克	突击坦克指挥型	

引 言

第二次世界大战伊始，德军凭借新战术迅速席卷了大半个欧洲，他们的装甲部队（*Panzerwaffe*）无疑扮演了急先锋的角色。此时的德军武器在技术上并不比盟军先进，正是在闪电战（*Blitzkreig*）这一革命性战术的指引下，他们才得以势如破竹。

盟军用了漫长的三年时间才破解闪电战战术。1943 年，英美军队开始将一些新策略付诸实践，其中最重要的一项就是利用战机等武器全面夺取战场制空权。

东线是另一番景象，苏联充分发挥了强大的工业潜力，武器产能节节攀升，此外还动员了大量公民入伍参战，进而成功遏制了德军的侵略步伐。

◀ 军备部部长阿尔伯特·施佩尔在军方高层陪同下参观"费迪南德"自行反坦克炮，费迪南德·保时捷站在他身后

在两面受阻的窘境下，德国着手生产了一些威力强大、技术先进的武器。他们认为这些新武器，尤其是重型和超重型坦克，能在战场上发挥决定性作用。

作为虎式坦克研发计划的副产品，"费迪南德"自行反坦克炮（后更名为"Elefant"，象式）就是其中的典型代表。在阿道夫·希特勒的督促下，这型复杂的支援战车得以迅速定型量产。

德国还有一类被称为"突击坦克"（*Sturmpanzer*）的武器（译者注：国内也译为"突击榴弹炮"或"强击火炮"）。"灰熊"（*Brummbär*，在德文中有"灰熊"和"暴躁的人"两重含义）是这类武器的绰号。它通常配装一门 150 毫米口径炮，只要一到两炮就能敲掉一个混凝土工事，威力十足。由虎式坦克改造而来的"突击虎"干脆配装了一具380 毫米口径火箭榴弹发射器。

▼ 下页图：身为军备部部长，施佩尔对战车研发抱有浓厚兴趣，一有机会他就会亲自试驾新战车，图中，施佩尔正在费迪南德·保时捷的陪同下试驾一辆原型车（译者注：原图注有误，图中车辆为"山猫"坦克原型车，设计者并非保时捷）

用于排障和爆破的工兵装备能极大加快步兵单位的推进速度，因此德军引入了几种像"原始无人机"一样的遥控爆破车。这些携带爆炸物的遥控车能替代士兵执行扫雷、清除反坦克障碍物和爆破据点一类的危险任务。

▲ 帝国元帅赫尔曼·戈林在费迪南德·保时捷（中）的公司视察时参观一辆"费迪南德"自行反坦克炮

本书内容围绕"费迪南德"自行反坦克炮、突击坦克和遥控爆破车这三种武器系统展开，德军曾想依靠它们赢得胜利。那么，它们曾在哪里战斗，又是怎样战斗的？它们的作战效能究竟如何？盟军有哪些反制措施？它们算不算"物有所值"？相信读者朋友们都能在书中找到答案。

本书作者大量引用了第二次世界大战期间的原始档案、文件等资料。有趣的是，作者对来自德国联邦档案馆／军事档案馆（*Bundesarchiv/Militärarchiv*），以及美国国家档案与记录管理局（NARA）的资料进行了对比分析，就本书所涉及的内容而言，两家机构保存的资料基本一致，都能相对客观地呈现发生在 70 多年前的历史事件。

德国方面保存的档案对德军行动的记载极尽周详，而涉及盟军的内容就相对简略。遗憾的是，苏联方面的史料一直处于几乎空白的状态，我们都知道德军坦克存在大大小小的问题，动力系统的问题尤为严重，那么，苏军 T-34 坦克的可靠性究竟如何？恐怕很少有人能掌握实情。

本书还收录了少量来自老兵的回忆性信息。众所周知，回忆性信息很容易出现偏差，含混不清或夸大其词在所难免，也可能单纯因为年代久远而失真，即使作者亲自采集也是如此。此外，以偏概全、断章取义的情况更值得军事题材作者们注意。但无论如何，那些记忆中的个人经历依然是值得关注的。

作者在文中有意地尽量使用了德文军事词汇，因为一旦将这些词汇译为英文就难免有词不达意的情况，涉及型号的某些德文词汇特别以斜体形式呈现。

相对于文字，图片更有利于让我们对历史事件建立直观认知。书中的图片均来自档案资料和私人收藏，我们只是对这些图片进行了扫描保存，并没有进行重制或修复，刻意维持了它们的本貌。

▲ 1943 年 4 月 4 日，军备部部长施佩尔和军备部副部长卡尔 - 奥托·绍尔视察尼伯龙根工厂

▼ 下页图：克虏伯工厂，画面近处是一辆完成时间较早的"费迪南德"自行反坦克炮，远处是一门800 毫米口径"古斯塔夫"（多拉）重型铁道炮，它是迄今为止体积最大、最昂贵的火炮

新式武器 1

第二次世界大战期间,Sd.Kfz.184(Sd.Kfz. 是德文 *Sonderkraftfahrzeug* 的缩写,意为特种车辆)或者说"费迪南德"自行反坦克炮在登场之时,是所有投入实战的战车中全重最大的。这就无怪乎不论在德军一方还是盟军一方,都流传着那么多有关这个大家伙的奇闻轶事。

这种重型自行反坦克炮(*schwerer Panzerjäger*,*sPzJg*)由费迪南德·保时捷博士(Dr. Ferdinand Porsche)亲自主持设计。保时捷从 1939 年 9 月开始担任战车委员会(*Panzerkommission*)主席,负责带领一众专家为未来的坦克设计工作制定设计指标。得益于保时捷的多重身份,保时捷工程团队可以参与诸多重要项目。此外,作为希特勒的好友,保时捷可以独立设计坦克,而不必受德国陆军武器局测试六处(*Heereswaffenamt Prüfwesen 6*,负责战车开发的部门)那些条条框框的约束。

1940 年,亨舍尔父子公司(*Henschel und Sohn*)奉命开发一型 30 吨级重型坦克〔VK 30.01(H)〕,这型坦克将作为突破战车(*Durchbruchswagen*,装甲厚重的战车,用于突破有反坦克火力支援的步兵阵地)支援中型坦克作战。得到希特勒支持的保时捷,针锋相对地开发了 VK 30.01(P)(保时捷厂内代号 Typ 100)。两型坦克计划配装同一型由克虏伯设计制造的炮塔。

在两家公司的样车相继下线后,德军高层又决定提升火力水平。保时捷奉命选配了 88 毫米口径 KwK 36 坦克炮(KwK 是德文 *Kampfwagenkanone* 的缩写,意为车载火炮),该炮衍生自著名的 88 毫米口径高射炮,性能优异。而亨舍尔选配了 75 毫米口径 KwK 41 坦克炮,这是一种锥膛炮,尽管口径不及 KwK 36,但反装甲性能出类拔萃。遗憾的是,锥膛炮使用的穿甲弹要耗费大量钨金属,而钨金属作为一种战略资源,供应状况并不稳定,因此亨舍尔选配 KwK 41 的计划半途而废,最终只能选配与保时捷相同的 KwK 36 坦克炮。

◀ "费迪南德"自行反坦克炮是一型令人印象深刻的武器,注意连接在大型牵引环上的牵引缆,千斤顶固定在车体上层结构与车首之间的斜面上,很容易被炮弹打飞,位置并不理想

▲ VK 30.01（P）的两辆样车之一，它在保时捷公司的内部代号是Typ100。1941—1942年冬，两辆VK 30.01（P）样车在圣瓦伦丁完工并接受测试，车首的基座可能用于在测试时固定推土铲（译者注：这实际是公路运输时将车体固定在平板车上的机构）

1941 年 5 月 26 日，德国入侵苏联前夕，希特勒和幕僚们在贝格霍夫（Berghof）山区别墅召开了一次会议，将既有的坦克设计方案几乎悉数推翻，提出了《1941 年战车规划》（*Panzerprogramm* 41），制定了新的设计指标：（新型坦克的）正面装甲厚度要增加到 100 毫米，火炮口径维持 88 毫米不变，弹道性能还要进一步提升。

尽管新设计指标已经确定，但究竟选择哪一个设计方案投入量产依旧悬而未决。1942 年年初，经过重新设计的 VK 45.01（P）和 VK 45.01（H）同时获批量产。即将开赴北非战场的新建第 501 和第 503 重型装甲营，将列装保时捷的 VK 45.01（P），因为德军高层认为它的风冷发动机和电传动系统可能更适合北非的沙漠作战环境。

尼伯龙根工厂的生产准备工作

吞并奥地利后，德国完全控制了奥地利的工业系统，就像之前吞并捷克斯洛伐克一样。这两个国家的工业系统是希特勒实现下一步侵略企图的关键棋子。

▲ 1941 年现身战场的苏军 KV-1 重型坦克令德军颇感意外，它和 T-34 中型坦克迫使德国人推翻了几乎所有新坦克的设计方案，由此催生了《1941 年战车规划》。图示为一辆被德军缴获的 KV-1，德军正准备将它运到库默斯多夫进行测试

◀ 德军后来将上图所示的那辆 KV-1 重型坦克运到了圣瓦伦丁，也就是 VK 45.01（P）进行开发测试的地方

▲ 底盘序列号为150001的保时捷虎式坦克正在进行测试，尽管序列号排第一，但它并不是同型车中第一辆完工的。该车炮塔后部安装了一个四号坦克的制式炮塔储物箱（Gepäckkasten）

1939 年，德国政府开始讨论在奥地利新建战车工厂的计划，最终决定在斯太尔市（Steyr）附近的圣瓦伦丁镇（Sankt Valentin）建设一个现代化工业综合体，即尼伯龙根工厂（Nibelungenwerke）。一家名为上多瑙钢铁厂（Eisenwerke Oberdonau）的钢铁加工企业也位于这一带。

两年后，尼伯龙根工厂作为分包商，开始为克虏伯 - 格鲁森工厂（Krupp-Gruson）供应坦克部件。克虏伯 - 格鲁森是当时唯一一家生产四号坦克的工厂，而四号坦克又是德军最重要的一型坦克。自 1941 年中期开始，尼伯龙根工厂又承接了一些来自其他厂商的订单，其中就包括二号、三号和四号坦克的负重轮加工业务。

为承接四号坦克的总装任务，尼伯龙根工厂进行了扩建。1941 年 10 月，该厂装配的第一辆四号坦克（F 型）正式下线。

尼伯龙根工厂后来又得到了新订单，生产保时捷设计的新型重型坦克。1941 年下半年，该厂奉命组装 6 辆 VK 30.01（P）样车。这型坦克的动力系统包括 2 台输出功率 210 马力（约 154 千瓦）的保时捷 Typ 101/3 V10 风冷汽油机、2 台发电机和 2 台西门子 - 舒克特（Siemens-Schuckert）直流电动机，2 台汽油机分别驱动 2 台发电机，2 台发电机再分别向 2 台安置在车体后部的电动机供电。该车两侧各有 6 具负重轮，两两一组连接在一套纵置扭杆悬架上。

　　然而，6 辆样车中最终只有前两辆，即 P1 和 P2，在 1941 年 8—9 月完成，而与 88 毫米口径炮配套的炮塔一直没能下线。由于难以满足《1941 年战车规划》的要求，VK 30.01 项目被迫叫停。与此同时，亨舍尔已经开始按新设计指标开发新型坦克［VK 45.01（H）］。可能是碍于时间紧迫，以及汽油机电传动系统仍然存在暂时无法解决的问题，保时捷采取了渐进策略，即以 VK 30.01（P）为基础开发新型坦克。经过重新设计的车型代号 VK 45.01（P）（保时捷厂内代号 Typ 101），其车体首部装甲厚度达到 100 毫米，侧后部装甲也有 80 毫米厚，完全能满足规划要求。为增强机动性，换装了 2 台 310 马力（约 228 千瓦）保时捷 Typ 101/1 V10 风冷汽油机。

　　VK 45.01（P）原定于 1943 年 2 月量产，但 1941 年年末东线的不利局势迫使德国人大幅加快了进程。德军高层要求保时捷在 1942 年 5 月前准备好 10 辆样车，保时捷团队为此不得不夜以继日地加紧推进设计和生产工作。

　　德军高层最初打算同时维持两个车型的生产工作，因此保时捷与亨舍尔间的竞争关系这时还算不上激烈。然而，在军备部副部长、国务秘书卡尔 - 奥托·绍尔（Karl-Otto Saur）提出让两个车型在

▶ 下页图：一辆由阿尔凯特公司组装的"费迪南德"自行反坦克炮正在库默斯多夫进行验收测试。用于防护球形炮座的跳弹板，以及战斗室两侧前部与车体上层结构间的补强板均尚未安装，车体两侧原有的逃生门被封堵

▼ 第一辆完工的 VK 45.01（P）正在铁路运往希特勒位于拉斯滕堡（Rastenburg）的"狼穴"大本营。所有完工的保时捷虎式坦克在细节上都存在差异，该车车体两侧的逃生门被钢板封堵

1942 年 4 月 20 日希特勒生日那天进行对比演示后，双方的对立态势陡然升级。

　　尼伯龙根工厂昼夜赶工，终于在 4 月 18 日将第一辆 VK 45.01(P) 送出厂房。两天后，这辆还没来得及涂上面漆，红色的防锈漆裸露在外的坦克，就被火车运到了希特勒位于东普鲁士的"狼穴"（ *Wolfsschanze* ）大本营。由于时间太过仓促，有些最终焊接工作竟然是在路上完成的。保时捷和亨舍尔的样车进行了一系列对比测试，希特勒倾向于保时捷一方，对亨舍尔的样车似乎毫无兴趣。出人意料的是，在进行通过性测试时，VK 45.01（H）轻松从泥沼中驶过，而 VK 45.01（P）却"难以自拔"。这表明保时捷的电传动系统此时尚不成熟，存在很多机械问题，难以应对复杂路况。

　　1942 年 7 月，两家公司的样车又在库默斯多夫（Kummersdorf）的试验场接受了更周全的测试，VK 45.01（P）的表现依然没有起色，可谓前途渺茫。同年 9 月，军备部部长施佩尔等人不顾保时捷与希特勒的交情，在元首简报（ *Führerbesprechung* ）中历数 VK 45.01（P）的诸多问题，呼吁暂时不要将这个"百病缠身"的设计方案投入量产。此时，克虏伯按合同生产的 100 具 VK 45.01（P）车体已经运抵尼伯龙根工厂。

▲ 测试中的 VK 45.01（P）正驶上斜坡，其炮塔部位装有配重装置，挡泥板两侧装有防尘挡板，车尾发动机散热格栅处装有护板

◄ 钟情于试驾战车的军备部部长施佩尔正驾驶底盘序列号为 150007 的保时捷虎式坦克进行测试，后方是一辆基于四号坦克改造的测试车

▲ 尼伯龙根工厂的"费迪南德"自行反坦克炮装配车间，可见一些待装车的88毫米口径PaK 43/2反坦克炮和战斗室壳体

在随后的一次会议上，有人提出，由于VK 45.01（P）项目很可能胎死腹中，应当利用克虏伯已经完成的车体改造一种自行反坦克炮，也可以算作一种"重型突击炮"（*schwere Sturmgeschütz*）。会议敲定了基本设计指标，这型硕大无比的无炮塔战车将拥有厚达200毫米的装甲，配装一门威力超群的88毫米口径PaK 43/2反坦克炮（PaK是德文*Panzerabwehrkanone*的缩写，意为反坦克加农炮）。

决定将VK 45.01（P）的车体改造为自行反坦克炮的理由其实很简单：德军的突击炮已经在无数次战斗中展现出巨大的战术价值。突击炮的设计初衷是在进攻时为步兵提供直射火力支援，反坦克只是它的次要任务，但在东线战场上，反坦克任务却成了突击炮的"例行公事"，因为凡是有反坦克能力的战车都被德军投入到对付苏军新型坦克的战斗中。配装75毫米口径短管加农炮的突击炮外形低矮，作战效能无与伦比，因此，装备突击炮的部队只能坦然接受充当反坦克力量的现实。突击炮还有很大潜力可挖，在1942年年初的一次元首简报会议上，希特勒和幕僚们要求提升突击炮的正面防护能力，并以牺牲机动性为代价，为三号突击炮换装长身管 75 毫米口径 StuK 40 L/43 或 L/48 加农炮。

最初，重型突击炮只是希特勒和幕僚们罔顾现实臆想出的"空中楼阁"。这种战车的战术定位简单粗暴，它就像一柄攻城锤，能依靠厚重的装甲，在敌人所有武器的攒射下突破坚固的阵地，为步兵杀出一条通路。与此同时，它那威力强大的主炮还能在很远的距离上"点掉"任何敌人的装甲车辆。

对技术人员而言，重型突击炮是一个从未触及的全新领域，而希特勒在武器方面好高骛远的心态很可能也是由这种战车开始的。阿尔凯特公司（全称 *Altmärkische Kettenwerke GmbH*，简称 *Alkett*，阿尔特马克履带制造有限公司）是三号突击炮的唯一生产商，德军高层认为他们有能力设计出配装重型突击炮的坚不可摧的战斗室，克虏伯则承接了总装任务。

1942 年 8 月 27 日，军备部部长阿尔伯特·施佩尔来到尼伯龙根工厂视察，顺便试驾了保时捷的 VK 45.01（P）。同年 10 月，保时捷虎式项目［VK 45.01（P）项目］寿终正寝，在签订新合同后，尼伯龙根工厂开始将克虏伯交付的 100 具车体中的 90 具改造为自行反坦

▶ 下页图：已经安装到位的 88 毫米口径 PaK 43/2（L/71）反坦克炮，画面近处可见一个战斗室的顶部，车长舱门敞开，背景中可见一些四号坦克的炮塔壳体

▼ 即将完成装配的约 40 辆"费迪南德"自行反坦克炮，战斗室已经安装到位，但动力室盖板尚未安装

▲ 尼伯龙根工厂装配车间里的大型天车正将一辆"费迪南德"自行反坦克炮吊运到下一个工位，注意这辆车的履带型号与保时捷 Typ101 并不相同，其相邻两块履带板中只有一块带诱导齿，属于"公母"式履带

克炮。

第二次世界大战时期，奥地利林茨（Linz）军区的日志记载了如下内容：

接帝国军备部部长令，柏林的阿尔凯特公司将不再承担"费迪南德"突击炮的生产任务，任务转交给圣瓦伦丁的尼伯龙根工厂……厂务经理哈内（Hahne，此人后来获得了骑士十字勋章）将带领 120 名金工技工转移到奥地利……

1943 年 3 月 31 日，施佩尔部长视察尼伯龙根工厂，其间还进行了试驾，他对"费迪南德"评价颇高……

截至 1943 年 1 月，已有 15 辆保时捷虎式改造完毕，2 月将完成 26 辆，3 月将完成 37 辆……

1943 年 5 月 25 日，古德里安大将视察尼伯龙根工厂……

改造相关的准备工作实际上到 1943 年 2 月才告完成，当月只下线了 15 辆。此外，设计指标变更还导致 3 月的产量由计划的 35 辆跌落到 20 辆。随后，德军高层决定将所有改造工作都集中到尼伯龙根工厂，为此从阿尔凯特公司调集了 120 名熟练技工，负责将"费迪南德"那沉重的战斗室装配到 VK 45.01（P）的车体上。

1943 年 5 月 12 日，林茨军区报告如下：

最后一辆"费迪南德"在今日完成交付（共计 86 辆），尚有 4 辆留在后方，作教学之用。

"费迪南德"自行反坦克炮的技术特征

总体布局

毫无疑问，1943 年问世的 Sd.Kfz.184 是当时全重最大、装甲防护水平最高的一型战车。保时捷虎式坦克的车体在结构上并无新奇之处，遵循了德军坦克的传统布局，驾驶室在前部，中部是战斗室，后部是动力室。在改造为 Sd.Kfz.184 的过程中，厂方调整了车体结构。容纳着 PaK 43/2 反坦克炮，由厚实的装甲板焊接而成的战斗室壳体布置在车体后部，汽油机、发电机和配套的散热装置全部前移，只有电动机留在车体后部。为承托庞大且沉重的战斗室，原本内收的车尾被拓宽，相关改造工作由上多瑙钢铁厂在 1943 年 1—4 月完成。

▼ VK 45.01（P）的车身装甲壳体由克虏伯工厂生产，图示为用于防弹性能测试的几具车体之一

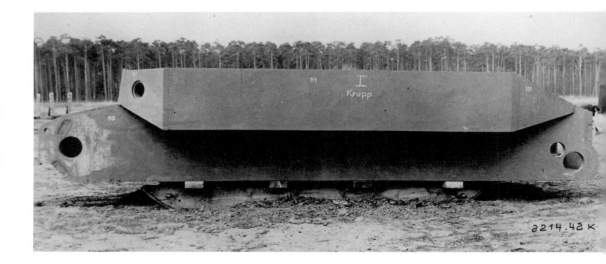

▲ 一辆完工的"费迪南德"自行反坦克炮停在总装车间外，准备进行机动性测试。该车尚未喷涂德军的标准暗黄色面漆，炮座前部未装跳弹板。直到库尔斯克战役前夕，德军才决定为"费迪南德"加装跳弹板

装甲防护

1942 年，德军高层要求"重型突击炮"的装甲防护水平在保时捷虎式坦克的基础上进一步强化。保时捷虎式的正面装甲厚达 100 毫米，当时已经鲜有出其右者，而"重型突击炮"的正面装甲厚度要达到 200 毫米。因此，厂方又用螺栓在驾驶室前装甲和首上装甲部位固定了一组厚 100 毫米的均质轧制钢装甲板（至于原来为驾驶员观察口和航向机枪座预留的开口是被封堵了，还是被附加装甲板覆盖了，目前尚不明确）。

为 Sd.Kfz.184 专门设计的战斗室前装甲厚 200 毫米，侧装甲和后装甲厚 80 毫米，防护水平相当高。

悬架与机动性

保时捷博士的设计在许多方面都与德国当时的其他坦克大相径庭。保时捷 Typ 100 和 Typ 101 的车体两侧各有 6 具负重轮，没有托带轮。负重轮为钢缘结构，对橡胶的消耗量相比胶缘负重轮少得多，在

多型装甲战斗车辆的动力系统与机动性

	保时捷虎式坦克	亨舍尔虎式坦克	Sd.Kfz.184 费迪南德	"黑豹"坦克	四号坦克 G 型	三号突击炮 G 型	T-34 坦克 1943 年型	KV-1 坦克 1943 年型
重量 / 吨	60	56	60	46	23.6	24	28	46
驱动 / 传动形式	后驱 / 电传动	前驱 / 机械传动	后驱 / 电传动	前驱 / 机械传动	前驱 / 机械传动	前驱 / 机械传动	后驱 / 机械传动	后驱 / 机械传动
发动机	保时捷汽油机 2 台	迈巴赫汽油机 1 台	迈巴赫汽油机 2 台	迈巴赫汽油机 1 台	迈巴赫汽油机 1 台	迈巴赫汽油机 1 台	V-2 柴油机 1 台	V-2 柴油机 1 台
发动机最大功率 / 马力	310	700	265	700	265	265	500	600
最高行驶速度 /（公里 / 时）	35	40	30	46	40	40	53	35
推重比 /（马力 / 吨）	10.3	12.5	8.8	15.2	11.2	11	17.9	13

注：1 马力 ≈ 0.735 千瓦。

工艺上与苏联 KV-1 重型坦克几乎如出一辙。后来，钢缘负重轮又推广到虎式坦克和"黑豹"坦克上，这不仅是出于节约橡胶资源的考虑，它的可靠性比胶缘负重轮高，能更好地承托重型战车的庞大车体。负重轮两两一组安装在纵置扭杆悬架上。这种外置悬架不会侵占车内空间，同时也便于维护和修理。它能将车体的俯仰角控制在相对较小的范围内。测试得出的车辆俯仰角图表（*Fahrzeuglängsneigungen*）显示，在 20~30 公里 / 时的速度区间内，保时捷虎式坦克的稳定性要优于三号坦克、四号坦克、亨舍尔虎式坦克以及苏联 T-34 坦克，只逊于"黑豹"坦克。不过，由于可靠性不尽如人意，这种悬架还远算不上完美。

动力系统

　　"费迪南德"自行反坦克炮保留了保时捷虎式坦克独特的动力系统。2 台电动机安置在车体后部，驱动主动轮，进而带动履带运转。电动机所需电能由发电机提供，而发电机由四冲程风冷汽油机驱动。Typ 100 和 Typ 101 配装的都是保时捷自己设计的风冷汽油机。这种发动机在高负荷工况下运转时很容易过热，保时捷的工程师一直没能拿出解决方案。为此，技术人员为"费迪南德"换装了已经在三号坦克和四号坦克上久经考验的迈巴赫 HL120 V12 水冷汽油机（最大功率 265 马力，约 195 千瓦），但如何将庞大的水冷系统塞进狭窄的动

▲ 三辆刚出厂的"费迪南德"自行反坦克炮正在等待陆军武器局验收，它们的车体面漆已经喷涂完毕，各式车外装置也已经装配到位

力室又成了大问题。

"费迪南德"的电传动系统算不上新鲜事物，类似的系统在当时的有轨电车、内燃机车和货运车辆上已经广泛应用，技术相当成熟。实际上，第一次世界大战时期的一些军用车辆就已经采用了电传动系统，例如奥地利 - 戴姆勒公司（Austro-Daimler）的 M-12/16/17 炮兵拖拉机，它是斯柯达 240 毫米口径榴弹炮的配套装备。此外，法国的 Canon de 194 mle GPF 自行火炮也采用了电传动系统。

保时捷虎式坦克的创新之处在于，它是第一型采用以汽油机为基础的电传动系统，且投入实战的重型坦克。动力传动系统中的每一种设备，包括迈巴赫汽油机，都是稳定可靠的成熟产品。然而，无论保时捷虎式坦克还是"费迪南德"自行反坦克炮，动力室空间都算不上宽裕。汽油机、燃油箱、发电机和电动机等设备拥挤在狭小的空间里引发了很多问题：一方面，汽油机化油器的进气效率相对较低；另一方面，尽管采用了相对高效的水冷散热装置，但发动机过热的概率依然居高不下，而发电机也同样面临着散热问题。

武器

保时捷和亨舍尔的虎式坦克配装了来自克虏伯的同型炮塔和主

炮。1942 年投产的虎式 E 型坦克配装的 88 毫米口径 KwK 36 坦克炮在性能上可谓傲视群雄，它的反装甲性能比常见的反坦克炮更突出，利用高爆弹还能有效杀伤无装甲目标。尽管如此，德国陆军武器局仍不满足。1942 年，88 毫米口径 PaK 43/41 牵引式反坦克炮设计定型，作为"费迪南德"专用主炮的 PaK 43/2 是其发展型之一，在 PaK 43/2 基础上改进而成的 PaK 43/3 后来装到了"黑猎豹"坦克歼击车上。

德国 D2030 技术手册对 PaK 43/2 有如下描述：

8.8 厘米 PaK 43/2（译者注：原文为 *Panzerjägerkanone*，缩写为 *PjK*，是反坦克炮的另一种称谓）是一型电击发半自动火炮，安置于突击炮架（*Sturmgeschützlafette*）上，可发射穿甲弹和高爆弹。其直射瞄具为 Sf1 *Zielfernrohr* 1a（潜望镜式结构），曲射瞄具为 *Rundblickfernrohr* 36（反射式结构）

突击炮架是将火炮固定在突击炮战斗室内的装置，它位于战斗室前装甲后部，采用球状结构，以耳轴和后部的横向支撑结构直接承托炮身。PaK 43/2 的左右射界均为 15 度，最大仰角为 18 度，最大俯角为 8 度。

▲ "费迪南德"自行反坦克炮的车首牵引基座可以连接刚性牵引杆，但车尾最初没有与刚性牵引杆配套的中央牵引基座（用于牵引其他车辆）。图中牵引"费迪南德"的是一辆保时捷 Typ 101

Sf1 ZF 1a 潜望镜式炮瞄镜具有针对四种炮弹的标线：

PzGr 39/1 穿甲弹，0~4000 米
SprGr 高爆弹，0~5400 米
Gr 39 HL 破甲弹，0~3000 米
PzGr 40/43 高速穿甲弹，0~4000 米

88 毫米口径高爆弹（德文 *Sprenggranate*，缩写 SprGr）用于对付火炮阵地、步兵阵地和无防护车辆等目标，尽管有效射程达到 5000~6000 米，但炮手通常不会用它打击远距离目标。PaK 43/41 有时会充当野战炮，执行曲射任务，而"费迪南德"的 PaK 43/2 尽管也能曲射，但从未执行过这类任务。

"费迪南德"的主要任务是与敌方坦克交战，因此倾向于携带各式反装甲弹，而非高爆弹。88 毫米口径 *Panzergranate* 39/1（PzGr 39/1）被帽穿甲弹是其常用弹种之一，靠动能击穿坦克装甲，弹底的少量高爆装药还能进一步杀伤车内乘员。PzGr 39/1 具有良好的毁伤效果，因此成为德军的制式穿甲弹，有适配不同口径火炮的多种型号。

88 毫米口径 *Panzergranate* 40/43（PzGr 40/43）高速硬芯穿甲弹具有钨质弹芯，穿深比常见的 PzGr 39/1 大 15%，精度极佳，属于"增强版穿甲弹"。然而，由于钨金属供应紧张，这种炮弹的产量极少。到 1943 年年末，PzGr 40/43 的产量遭到进一步压缩，逐渐陷入停产状态。

88 毫米口径 *Granate* 39 *Hohlladung*（Gr 39 HL）是 1942 年问世

的一种破甲弹，其设计初衷是提高短身管 75 毫米口径坦克炮 / 加农炮的反装甲能力，后来推广到其他型号火炮上。破甲弹产生的高速金属射流能穿透很厚的装甲，而且穿深几乎不受射程影响，能保持在100 毫米左右，但其初速相对较低，因此精度一般。如果以更高的初速发射，那么弹头的自转速度也会提高，最终会导致金属射流的能量降低。从战斗报告上看，当交战距离在 500 米左右时，破甲弹不失为一种有效的反坦克炮弹。陆军武器局测试六处（Wa Prüf 6）在 1943年 2 月提交给武器总监的报告中，就记载了有关破甲弹的内容：

▲ "费迪南德"自行反坦克炮的车尾焊接了一个独立的中央牵引基座，由此具备了使用刚性牵引杆牵引其他车辆的能力。注意车尾的（电动机冷却装置）排风罩，这是一个大型装甲构件，下部尚未安装导流板

　　测试一处（译者注：即弹道与弹药测试处）已知悉如下事宜，所有既能发射 PzGr 39 穿甲弹，也能发射破甲弹的火炮，今后都将优先供应成型装药弹种（译者注：成型装药即破甲弹的战斗部）。

　　测试一处强调大威力反坦克炮和坦克炮不适用上述原则。（这些火炮）目前使用的破甲弹在威力上远逊于穿甲弹，对它们而言，破甲弹只是一种补充。我处已充分认识到穿甲弹在产能上存在的问题，但仍然推荐按 1 ∶ 1 的比例配发穿甲弹和破甲弹，这样可将产能影响降至最低。

　　上文所指"火炮"包括如下型号：

7.5 厘米 PaK 40 反坦克炮

7.5 厘米 KwK 40 坦克炮、StuK 40 加农炮

以及

7.5 厘米 KwK 42 坦克炮

7.62 厘米 PaK 36 反坦克炮

8.8 厘米 PaK 43 反坦克炮

8.8 厘米 KwK 43 坦克炮、StuK 43 加农炮

为节省成本较高的 PzGr 39/1 穿甲弹，德军高层要求车组在距离适宜，能确保命中的情况下尽量使用破甲弹。但出于习惯，前线官兵还是偏爱初速更高的穿甲弹，况且能削弱破甲弹威力的防护措施已经投入实战，德国陆军总参谋部的一份报告对此记载如下：

通过审讯战俘得知，苏联正致力于开发一种适用于坦克的间隔装甲（Schottpanzerungen），这种装甲带有石棉内衬。如果苏军批量生产配装这种装甲的坦克，那么我军成型装药武器的威力将受到影响……

不过据笔者所知，苏联在第二次世界大战期间并没有生产过配装间隔装甲的坦克，因为光是维持既有型号坦克的产能就已经让他们无暇他顾了。

保时捷虎式坦克在设计之初就配备有用来阻止敌方步兵接近的车载机枪，这一点与其他型号的德国坦克并无二致。车载机枪是重要的辅助武器，而航向机枪一般安置在车首的球形机枪座上，可以向多个方向射击。机枪还能有效压制敌方反坦克炮手，对反坦克枪手而言更是巨大的威胁。苏军的反坦克枪口径较大，能击穿三号坦克、四号坦克以及三号突击炮相对薄弱的（车体）侧后部装甲。为此，德军在 1943 年为这些战车配装了侧裙板（Panzerschürzen），这是一种安装在炮塔和车体侧面的薄装甲板，能有效抵御各类反坦克武器，而且成本较低。反坦克枪打不穿重型坦克的装甲，但足以让它们的行走机构、观瞄设备和外部装置报销。

"费迪南德"没有配备任何形式的近战武器（译者注：准确来说并不是这样，其战斗室侧后部开有 5 个射击口，车组成员能用手枪向外射击）。三号突击炮已经投入实战许久，没有配备近战武器算得上一项设计缺陷。负责设计战斗室的阿尔凯特公司技术人员肯定相当清楚这一点，至于这样做到底是出于何种考虑，实在令人百思不得其解。

观瞄设备

完善的观瞄设备是第二次世界大战时期德军战车设计的特点之

一，位于炮塔顶部的车长指挥塔能为车长提供全周视野，而良好的视野在交战时是不可或缺的。

"费迪南德"自行反坦克炮这类近距离支援战车的观瞄设备要比坦克简单得多，车长要想使用剪式炮队镜，就必须打开舱盖，更糟糕的是还无法获得全周视野。炮长只能利用 Sf1 ZF 1a 炮瞄镜观察车外情况，视野相对狭窄。在整个战斗室中，只为装填手配备了 2 具朝向（车体）后方的潜望镜（*Turmbeobachtungsfernrohr*）。大概是由于研发时间太过仓促，"费迪南德"的观瞄设备和辅助武器配置情况都不尽如人意。

测试保时捷虎式坦克

德国陆军武器局测试六处一直密切关注着"重型突击炮"的研发进程。他们想要先行测试保时捷虎式坦克，即使在量产工作取消后，他们也没有放弃努力。测试六处的冯·威尔克上校（von Wilcke）要求军方将一些保时捷虎式移交给他们进行测试，他的要求在 1942 年 12 月 10 日得到了批准。

第一批保时捷虎式中，除用于改装突击炮的 90 辆外，测试六处还要求移交下列车辆作测试之用：

a. 1 辆已经完工的整车，配装电传动系统和保时捷汽油机（之前在贝尔卡的车辆，已经转移至库默斯多夫）。

b. 2 辆整车，配装电传动系统和保时捷汽油机（由第 503 重型装甲营移交，用于火力测试）。

c. 3 具车体，配装电传动系统和迈巴赫汽油机；1 具车体，配装液力传动系统；1 套单独的液力传动系统。

d. 1 辆整车，用于火力测试，配装电传动系统或液力传动系统。

e. 2 具车体，加装附加装甲，用于射击测试。

上述车辆的无用零部件将留作备件……

保时捷 Typ 101 的测试样车被移交给测试六处。由阿尔凯特公司改造的 2 具序列号分别为 150010 和 150011 的自行反坦克炮车体也被移交给测试六处，用于在马格德堡和库默斯多夫进行测试。在量产工作开始前的一段时间里，新的测试任务陆续布置下来。

1943 年 2 月 17 日，库默斯多夫，针对"费迪南德"的测温装置进行测试。

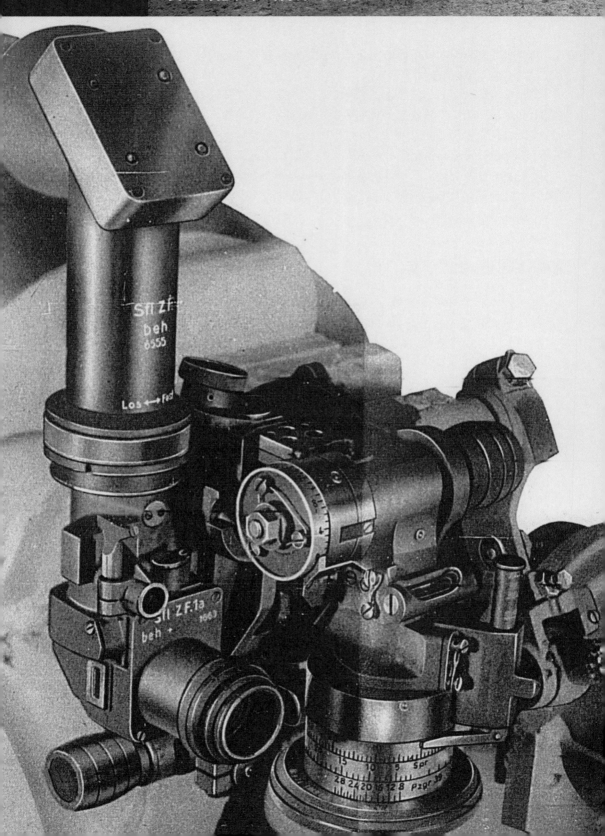

1943 年 4 月 14 日，库默斯多夫，测试机械性能：

a. 爬坡能力与公路、越野机动性测试

b. 测量最高行驶速度和平均行驶速度

c. 制动性能测试

d. 操纵性能评估

e. 测试火炮行军固定器

f. 减振性能测试

g. 电气系统防尘性能测试

h. 高低温条件下的发动机起动与运转性能测试

i. 维护与修理便利性评估

j. 燃油与机油消耗量测试

k. 燃油箱密封性测试

l. 起火与爆炸风险评估

m. 末级减速器改进效果评估

底盘序列号为 150011 的测试车在测试过程中暴露出诸多缺陷，均记载在 1943 年 2 月 23 日的一份报告中，摘录如下：

· 用于取代节气门拉索，控制节气门开度的泰勒辛线（Telecine，一种电线）的弹性过大，导致 2 台发动机的转速不能保持一致……

· 左侧燃油箱供油管距排气管过近……

· 帕拉斯（Pallas）电动汽油泵可靠性较低……

· 低温起动预热装置（*Fuchsgerät*）操作困难。内部空间过小，难以顺利放入加热用的喷灯……

· 冷却液管路布置不当，易破裂。

· 进行冷却液排空作业时需要拧下 48 颗螺栓。我们建议加装一个简易口盖，以简化操作。

· 空气压缩泵液位高度检测方式过于复杂。

· 冷却液泵传动带长度不合适，需强行拉长方能使用，使用寿命可能因此大幅缩短。

· 冷却风扇在车辆行驶 200 公里后失效。

· 迈巴赫汽油机的冷却液泵传动带距排气管过近，增大了损坏概率。

· 对排气管没有遮挡措施，给战术运用带来巨大不便（译者注：灼热的排气管会发红，在夜间易暴露目标）。

· 驻车制动装置反应过慢，制动效果不佳。

► 下页图：处于最后一道加工工序的动力室盖板，最初的动力室盖板散热格栅设计不当，弹片容易由此溅入动力室

◄ 一具 Sfl ZF 1a 自行火炮炮瞄镜固定在"费迪南德"自行反坦克炮的 88 毫米口径 PaK 43/2 反坦克炮的炮尾位置（摘自德军 D2030 技术手册）

- 电控箱盖过薄，如果有人站立其上，则可能引发短路故障（译者注：箱盖为金属材质，凹陷后可能与箱内电气元件接触，进而引发短路故障）。
- 无法通过其他车辆搭电起动发动机，很有必要增设这一功能。
- 电控系统还需进一步调整，以杜绝单侧电动机转速偏低的现象。
- 目前的牵引环无法适配既有款式的刚性牵引杆。
- 应增设一个中央牵引基座，以配用为亨舍尔虎式坦克设计的牵引杆。
- 千斤顶因缺乏支撑位而难以使用，应参考亨舍尔虎式坦克增设支撑位。
- 保时捷虎式的扭杆在路试时多次损坏，突击炮更加沉重，这类问题的出现频率将更高。
- 需加急开发一种用于拆卸整组悬架的专用工具。
- 目前尚不知应如何妥善拆卸发动机、发电机、电动机、冷却系统、炮座和战斗室上层结构。专家认为任何形式的维护都必须动用弗莱斯（Fries）龙门吊。

　　从这份报告中可以看出，截至 1943 年 3 月，保时捷 Typ 101 和衍生自保时捷虎式的自行反坦克炮依旧问题缠身，而且短时间内很难改善，根本无法量产入役。不过，国防军在东线组建了第 656 重型坦克歼击团（sPzJgRgt 656）后，向他们提供了基于报告建议的改进套件（*Formveränderungen*）。

　　1943 年 2 月 23 日，测试六处又提出了在战车回收方面存在的问题：

　　保时捷虎式坦克的牵引基座只是两条弯成弧形的空心钢管，这种吨位的车辆已经很难用钢丝绳牵引，刚性牵引杆虽已设计完成，但只能用于亨舍尔虎式坦克，不能用于保时捷虎式坦克及其突击炮变形车。我们在此要求开发合适的牵引杆转接头。

　　技术人员确实重新考虑了回收问题，并设计了转接头，但目前尚未发现在牵引"费迪南德"时使用这种设备的照片。

　　测试六处所遵循的测试标准，要根据前线部队的反馈不断修订。前线部队一直在向他们提供一手报告，如果情况允许，德军就会针对武器装备暴露出的问题提出改进方案，前线的维修单位可以根据新下发的图样和材料制作相应的改装件。

1943 年 8 月 18 日

总结

弹片从散热格栅处溅入动力室，已导致多辆"费迪南德"自行反坦克炮损毁。

为避免此类损失再次发生，已对防护性能更好的散热格栅进行了测试。测试结果表明，只有阿尔凯特公司设计的新型格栅（带流线形防弹挡板，栅条间距更小）能满足要求（作者注：此为部队上报文件）。

1943 年 8 月 25 日

总结

截至 8 月 25 日，"费迪南德"自行反坦克炮测试车（底盘序列号为 150011）已累计行驶 911 公里。

1. 经本处测量，该车自重 64370 千克（不含弹药、无线电设备和乘员），初步测算油耗，铺装道路为 867.9 升 /100 公里，越野为 1620 升 /100 公里。

2. 侵入战斗室的灰尘过多，车辆行驶 100 公里后，空气滤清器就会完全堵塞。

3. 车辆行驶里程达到 900 公里时，发现 2 台发动机均已严重磨损。这是发动机持续以极高转速运转，且空气滤清器过滤能力不足导致的。

4. 发电机传动带磨损严重（使用寿命只有 227 公里）。

5. 空气压缩设备在车辆行驶里程达到 765 公里时彻底失效。

6. 车辆行驶里程达到 700 公里时，空气压缩设备的接头和管路均有损坏。

7. 橡胶质发动机支承平均使用寿命只有 700 公里。

8. 车辆行驶里程达到 911 公里时，2 台发动机均必须更换，同时须对车辆进行一次彻底检查。为前线的"费迪南德"自行反坦克炮准备的改装件均已开发完毕。

1943 年 9 月 2 日（重新对悬架进行测试）

总结

在底盘序列号为 150011 的"费迪南德"自行反坦克炮行驶 911 公里后，我处对其进行了彻底检查，发现如下问题：

1. 沙尘从空气滤清器处侵入发动机，导致发动机运转状况严重恶化。

2. 车辆行驶里程达到 911 公里时，动力室散热风扇的驱动轴和轴承均已磨损至报废状态。

3. 发电机上积聚有大量烟渍，电刷均已卡滞在电刷架中。

4. 车辆行驶里程达到 911 公里时，发电机电刷表面已磨损近 1.5 毫米。

5. 车辆行驶里程达到 911 公里时，发现悬架存在如下问题。

a. 6 个耳轴中有 5 个出现裂纹。

b. 靠前和靠后的部分耳轴附带的圆锥滚子轴承因侵入沙土而受损。

c. 多具主负重轮（轴盖较长的负重轮）中的毡质密封圈均因侵入沙尘而报废。

保时捷虎式坦克存在相同问题，除非彻底重新设计，否则这些问题无法解决。

测试继续进行，1944 年 1 月 10 日，陆军武器局完成了针对底盘序列号为 150011 的车辆的总结报告，此时，距"费迪南德"自行反坦克炮首次投入实战已经过去了半年之久。

B）测试

"费迪南德"自行反坦克炮，底盘序列号为 150011，于 1943 年 5 月 13 日至 12 月 25 日在试验场接受了测试。

B I）发动机（含冷却系统）

维修便利性差，就其装备规模而言，常规保养和小修耗时之长完全不成比例……

损坏情况：行驶里程达到 900 公里时，机油消耗量降至 63.7 升 /100 公里，低于 90 升 /100 公里的正常水平。行驶里程达到 911 公里时，发现有水侵入右侧发动机……2 台发动机均已更换。

冷却系统：行驶里程达到 538 公里时，发现左前散热风扇损坏，行驶里程达到 648 公里时，右侧散热风扇失效，散热风扇运转时摆动严重。

补救措施：调整所有组件，直至配位准确。

B II）发电机

损坏情况：行驶里程达到 911 公里时，对 2 台发电机进行检查，发现所有部件均受到严重污染，电刷在电刷架内有卡滞现象……发电机已送到西门子 - 舒克特公司接受进一步分析……

B III）电动机

损坏情况：行驶里程达到 522 公里时，履带从主动轮上部窜出，导致两侧滑动离合器报废，随后两侧电动机也均告烧毁，只能更换。继续行驶 425 公里后，发电机电刷报废，可能是公路测试时超速行驶

◀ 发动机（动力室）散热格栅设计不当的问题在实战中暴露出来，炮弹和近战武器（例如手榴弹）的破片都可能由此溅入动力室

▲ ▶"费迪南德"自行反坦克炮的样车底盘正在圣瓦伦丁进行测试。它的爬坡能力很强，有利于在战壕交错和弹坑密布的地方行动

▲ 底盘序列号为150011 的"费迪南德"自行反坦克炮，车首的千斤顶固定位很显眼

所致……

冷却系统：冷却气道距排气管过近，导致两侧电动机均无法得到充分冷却。在正常温度条件下，冷却气流也会被加热到 34 摄氏度（高于环境温度）。此问题在加装隔板后稍有改善。受动力室空间所限，无法安装测温器。

B Ⅳ）操纵系统……

B Ⅴ）悬架

履带：在湿润沙地上低速行驶时，履带会从主动轮上部窜出，导致滑动离合器报废……该车重心偏后，导致在泥泞路段行驶时履带易滑脱。

悬架耳轴：行驶里程达到 911 公里时，维护作业中发现悬架耳轴出现裂纹，对材质进行检查，并未发现问题，裂纹可能是振动或转向时产生的横向推力所致。必须重新设计耳轴……

总结报告认为，维修便利性差是"费迪南德"最严重的问题。即使是小修也要动用大量人力，耗费很长时间，更换电动机时甚至要动用大型龙门吊来拆移战斗室壳体。由于沙尘会通过化油器和空气滤清器大量侵入气缸，发动机的使用寿命大幅缩短。

▲ 1943 年夏天，尼伯龙根工厂生产了 3 辆 "费迪南德" 回收车。其车体上预留的航向机枪射击口被圆形装甲板封堵，凸出于上层结构的小型舱室里安装了 1 挺 7.92 毫米口径 MG 34 机枪。该车的防护水平与 VK 45.01（P）相当，没有安装附加装甲

亡羊补牢的坦克回收车

"费迪南德" 自行反坦克炮及其前身 VK 45.01（P）的开发周期都很短，因此工程团队没有时间为它们设计配套的回收车。事实上，回收车一直不是德国军工计划中的优先项目。18 吨级重型牵引车（Sd.Kfz.9，*schwerer Zugmaschinen* 18t）的回收能力足以应付中型坦克（例如三号坦克、四号坦克及其变型车），但在回收虎式坦克和 "黑豹" 坦克时就显得力不从心，这一点是相当危险的。为此，德军在 1943 年 4 月决定以 "黑豹" 坦克的车体为基础，开发一种专用坦克回收车（*Bergepanther*）。

列装 "费迪南德" 的两个营在抵达库尔斯克以北的集结地时并没有装备坦克回收车，但在战役期间得到了 2 辆没有炮塔的 "黑豹" D 型坦克充当牵引车。

尼伯龙根工厂在 1943 年 6 月接到命令，将余下的 10 具 VK 45.01（P）车体中的 3 具改造为回收车。这种回收车的构造很简单，只是在车体后部增加了一个较小的载人舱，同时配装了 1 台手摇式折叠起重机，其他专用抢修设备一律欠奉。这些回收车于同年 8 月完工，准备交付第 653 重型坦克歼击营。

部队编制情况：国防军第 653/654 重型坦克歼击营的组织架构

　　针对"费迪南德"自行反坦克炮编制的战斗力统计表（*Kriegsstärke-nachweisung*，KStN）1106c（营部）、1155（营部连）、1148c（战斗连）于 1943 年 3 月 31 日发布，全营共装备 45 辆"费迪南德"。

　　重型坦克歼击营基本沿袭了突击炮营（*Sturmgeschütz-Abteilung*）的编制，突击炮营的任务是支援建制完整的步兵师作战，由于作战时必须按步兵师指挥官的命令行事，而对作战至关重要的侦察任务也由师级指挥部下令实施，其战斗力发挥受到较大限制。重型坦克歼击营的编制相对简单，只编有较基础的侦察与通讯单位。相比之下，装备虎式坦克的重型装甲营（满编状态下装备 45 辆虎式坦克）下属的通讯与装甲侦察分队就要完善得多。

　　不过，重型坦克歼击营下属的防空单位要强于重型装甲营，北非战场的作战经验迫使德军加强了重型坦克歼击营的防空实力。此外，重型坦克歼击营的后勤、回收和维修分队在编制上与重型装甲营基本一致。

　　受制于前所未有的车重，"费迪南德"的回收问题直到 1943 年 3 月都没能得到妥善解决。按战斗力统计表规定，重型坦克歼击营应当

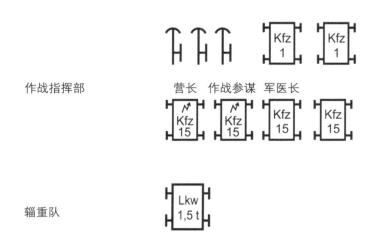

装备虎（P）自行反坦克炮的重型坦克歼击营营部编制

1943 年 3 月 31 日发布的 KStN.1106c 战斗力统计表标准编制

装备虎（P）自行反坦克炮的

1943 年 3 月 31 日发布的

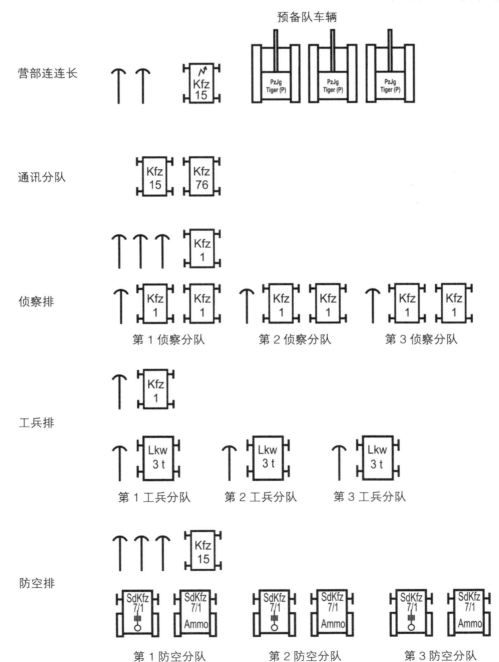

预备队车辆

营部连连长

通讯分队

侦察排

第 1 侦察分队　　第 2 侦察分队　　第 3 侦察分队

工兵排

第 1 工兵分队　　第 2 工兵分队　　第 3 工兵分队

防空排

第 1 防空分队　　第 2 防空分队　　第 3 防空分队

重型坦克歼击营营部连编制

KStN.1155 战斗力统计表标准编制

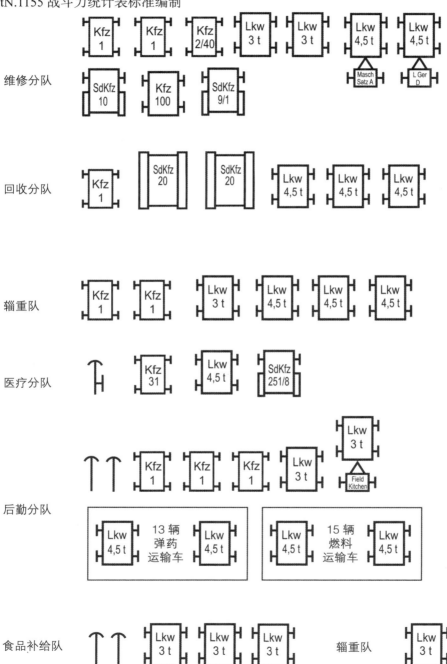

装备虎（P）自行反坦克炮的

1943 年 3 月 31 日发布的

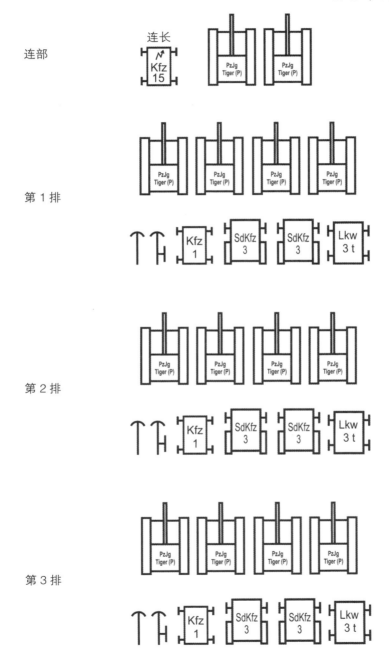

重型坦克歼击营战斗连编制

KStN.1148c 战斗力统计表标准编制

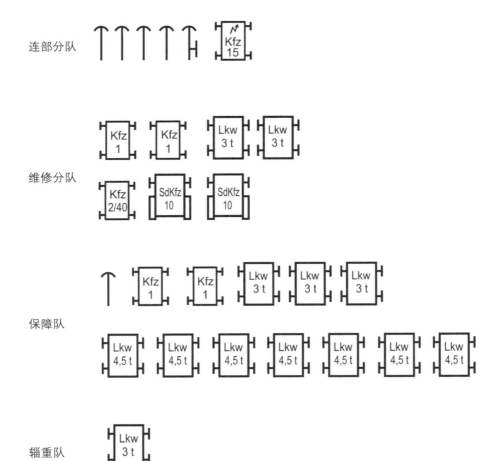

连部分队

维修分队

保障队

辎重队

列装 2 辆 35 吨级牵引车（Sd.Kfz.20），但这型牵引车实际上根本就没有投入量产。于是，重型坦克歼击营只能采取与重型装甲营相同的办法，用 3 辆 18 吨级牵引车来补缺。

第 656 重型坦克歼击团 1943 年 7 月 4 日的战斗力报告显示，该团下属的 3 个营级单位都得到了一些三号 J 型指挥坦克（PzBefWg Ⅲ Ausf J）和充当护卫车的短身管型三号坦克（PzKpfw Ⅲ，配装 50 毫米口径 KwK 38 L/42 炮），这些坦克都是从团部调拨的。

突击坦克

早在"城堡行动"（*Unternehmen Zitadelle*）筹备阶段，德军就计划让第 216 突击坦克营（*Sturmpanzer-Abteilung* 216）在行动中扮演重要角色（译者注：很多中文资料将"Sturmpanzer"译为突击炮、强击炮或突击榴弹炮，这并不贴切，它是一种隶属于装甲兵的武器，尽管没有炮塔，但仍然应当归于坦克范畴，因此直译为"突击坦克"更合适，后来出现的"Flakpanzer"和"Jagdpanzer"同理）。

第二次世界大战早期，德军奉行的是一套进攻性军事理论，即使在实力不如对手的情况下，他们也会发起猛攻。在东线战场上，成功实施重点突破的一方通常能在对决中胜出。不过，仅靠装甲兵和步兵是无法攻克坚固阵地的，专业工兵设备的辅助是必不可少的。苏军是构筑防御阵地的大师，他们的常用防御手段无外乎半埋的反坦克炮和步兵炮位、大片雷场和反坦克壕，这些措施虽然简单，但可以显著阻滞敌人的进攻步伐。坦克所装备的高初速火炮（高初速火炮的高爆弹威力通常一般），以及师属、团属的各类火炮，都无法有效对付坚固工事，于是，专用的反工事车辆应运而生。

▶ 一辆配装冬季履带的 150 毫米口径 sIG 33/1 自行步兵炮，固定在车首的备用履带用于加强防护性。除备用履带外，车上还携带了一些备用负重轮。注意，车长的剪式望远镜（*Scherenfernrohr*）由战斗室后部的舱门处探了出来

　　1942 年年末，一种名为"突击榴弹炮"（*Sturmhaubitze*）的新武器问世了，它其实就是换装 105 毫米口径 le Fh 18 轻型榴弹炮（车载型）的三号突击炮。与原来的 75 毫米口径炮相比，105 毫米口径炮所发射的高爆弹在威力上无疑要大得多，能有效清除半埋式反坦克炮位一类的目标。

　　接装部队在前期战斗报告中对突击榴弹炮赞誉有加，不过他们更需要能执行反坦克任务的配装 75 毫米口径加农炮的三号突击炮，对突击榴弹炮的需求算不上迫切。

　　希特勒要求陆军武器局组织开发一种能摧毁整栋建筑的战车，105 毫米口径炮显然不能满足要求，因此他们选择了另一种制式火炮，即步兵团属的 150 毫米口径 sIG 33 榴弹炮，但这种步兵炮无法直接装入封闭式战斗室。作为当时唯一一家生产突击炮的公司，阿尔凯特承接了开发和生产新一批重型自行火炮的任务，首批 12 辆在翻新的三号坦克车体上改造而来，配套的箱形战斗室的设计工作只耗费了两天时间即告完成，里面足以容纳 sIG 33/1 榴弹炮和车组成员，且装甲防护水平很高，正面装甲厚 80 毫米，侧后装甲厚 50 毫米，能抵御敌人重武器的近距离直射。车内携带有 30 枚炮弹，战斗室前部装有 1 挺 MG 34 航向机枪，作为近程自卫武器。

　　由于火炮和战斗室都相对沉重，新自行火炮的重心有一定前移，导致机动性和操纵性恶化。不过，对一种高度特化的专用车辆而言，这些问题都在可接受的范围之内。新自行火炮最终被命名为"突击步兵炮"（*Sturminfanteriegeschütz*），划归突击炮兵指挥，采用了类似突击炮的战术。首批 12 辆突击步兵炮配发给第 177 和第 244 突击炮营，他们参加了斯大林格勒战役，在第 6 集团军投降前就已经损失殆尽。遗憾的是，相关作战记录无一幸存。

　　第 2 批 12 辆突击步兵炮全部配发给第 17 教导营（Lehr Btl 17）下属的步兵炮教导连（第 17 教导营的驻地是马格德堡布尔格的炮兵学校）。该连参加了旨在驰援第 6 集团军的解围行动，其间损失了 5 辆突击步兵炮，幸存的 7 辆编入布格施塔勒战斗群（Gruppe Burg-staller）。1943 年 4 月，在斯大林格勒被围的轴心国军队投降后，缺编情况严重的国防军第 23 装甲师申请接管布格施塔勒战斗群。当时，该战斗群尚有 17 辆坦克、1 个装甲掷弹兵连、1 个自行反坦克炮连，以及装备上述 7 辆突击步兵炮的步兵炮排。4 月 10 日，第 23 装甲师正式收编了布格施塔勒战斗群，他们同期还在开展"黑豹"坦克的换装工作。我们目前尚不清楚该师的突击步兵炮是否继续按突击炮战术作战，他们在 1943 年 5 月 28 日提交给陆军最高统帅部（OKH）的

▶ 首批 12 辆自行步兵炮均配发给突击炮单位。图示这辆喷涂了冬季白色伪装涂层，车组成员似乎正在做战前准备。相比标准履带更宽的冬季履带，能提高战车的泥地或雪地通过能力，但这辆车的冬季履带侧翼似乎被截短了

报告中记载了一些相关内容：

sIG 33（自行化）

第 23 装甲师在作战与实弹射击中获得的经验教训：

我部建议该车作战时与坦克紧密协同，它们足以摧毁 3500 米外的反坦克炮位和炮兵阵地，也能对苏军坦克部队集结场实施有效破坏。我部发现该车在对付建筑、步兵阵地和反坦克枪战位时非常有效，但在反坦克作战时从未直接击穿过对方坦克的装甲。

只有在不脱离装甲团序列作战时，该车的技术维护工作才能得到保障。

该车在支援装甲部队进攻时部署于隐蔽位置，只有在得到装甲掷弹兵支援时才会部署于开阔地带。

HDv 119/541 射表内容已经过时，需要重新测定射击诸元，编制新射表。

火炮摇架上的装甲固定螺栓强度严重不足，车长舱口过小，妨碍观测，舱门打开后会遮挡右向视野。

该车重心靠前，第二对负重轮超载，发动机和离合器可靠性不佳，制动装置磨损过快。

该排总体实力如下：1943 年 5 月 11 日时尚有 3 辆三号突击步兵炮可投入战斗，4 辆正在维修。全部该型车在 5 月 21 日至 7 月 11 日间均可正常作战。

签名　第 23 装甲师第 201 装甲团指挥官

第 23 装甲师的看法并不令人意外。装甲兵更青睐有炮塔的战斗车辆，对没有炮塔的突击炮总会持保留意见，他们并不清楚这种武器的优缺点，因此在看法上难免有失偏颇。不过，这位指挥官对突击炮的战术价值还是有正确认识的：它们能执行一些三号坦克和四号坦克不能完成的任务。该团在 1943 年 5 月 11 日的战车数量统计情况（*Panzerlage*）与上述报告内容相互对应，上面同样记载了有 3 辆可用，4 辆在修。

三号坦克设计之初的战斗全重只有 15~17 吨，而三号突击步兵炮的实际战斗全重远超设计指标。此外，它们都是用翻新的三号坦克车体改造而成的，可靠性更为不堪，制动器和末级减速器之类的部件用不了多久就会报废。坦克回收车和炮兵观测坦克（*Panzerbeobach-tungswagen*，PzBeobWg）之流通常也是用翻新的坦克车体改造而成的，接装的部队往往会抱怨它们恼人的故障率。

从战术角度看，这些突击步兵炮在巷战中的表现并没有什么值得指摘的地方，它们能圆满完成本职工作。第 201 装甲团在进攻时将它们部署在装甲部队后方，用于打击暴露位置的敌方目标，遵循了教科书式的进攻战术。从现存的为数不多的战斗报告看，后来的突击坦克营（*Sturmpanzer-Abteilungen*）通常也会采用这种战术。

突击坦克的开发

另一种重型突击炮，或者说所谓的"突击坦克"，是与"费迪南德"自行反坦克炮同期开发的。最初的方案是在保时捷虎式坦克的车体上搭载 210 毫米口径重型榴弹炮（译者注：德军将 200 毫米以上口径的重型榴弹炮归类为 Mörser，直译为臼炮，该词对应的是英文中的 mortar 一词，但 mortar 又泛指所有口径的迫击炮，德文中与迫击炮对应的词是 Granatenwerfer，直译为榴弹发射器，缩写为 GrW），但不久后即遭否决。之前的突击步兵炮不过是一种应急方案，阿尔凯特公司转而开始设计真正的突击坦克。

三号突击步兵炮配装的 sIG 33/1 榴弹炮完全是被"硬塞"进战斗室的，该炮原本应当安装在敞顶自行火炮上，置于封闭空间中会显得过大且过重。为解决这些问题，德军决定设计一种新火炮，即后来的150 毫米口径 StuH 43 车载榴弹炮，其载具是四号坦克车体的衍生品。

希特勒要求新突击坦克尽快形成战斗力，以参加库尔斯克的进攻行动。鉴于各战车总装厂都已不堪重负，希特勒又要求开展一项特别行动（*Sonderaktion*），将生产任务安排在陆军维也纳军械库（*Heereszeugamt Wien*），这里在 1942 年时建立了一个车辆大修厂。

由于资源有限，维也纳军械库没有充足的新造四号坦克车体可供改造，只能使用翻新过的旧车体。所需的翻新车体由圣瓦伦丁的尼伯龙根工厂提供。

1943 年 5 月，施佩尔将希特勒的命令抄送给陆军总参谋部的蔡茨勒将军（Zeitzler）：

按元首令，基于四号坦克车体，配装斯柯达 15 厘米步兵炮的突击炮应命名为"突击坦克"，以免与突击榴弹炮（配装 10.5 厘米轻型野战炮的突击炮）混淆。

针对新突击坦克，众所周知的"灰熊"一名在官方文件中是找不到的，这很可能是装甲兵们给它取的绰号，1944 年出现的 38（t）坦克歼击车的"追猎者"（Hetzer）一名大概也是这么来的。

截至 1943 年 5 月，突击坦克的产量为 52 辆。

突击坦克抵达东线之初展现出强大的威力。因此，德军在 1943 年 11 月又下订了第二批，这批仍然是用不同批次的返修车车体改造而成的，毫无疑问地又给前线维修人员带来了新的技术难题。

突击坦克的技术特征

用于改造突击坦克的四号坦克车体并不需要很大改动，只要拆除原战斗室的上层结构就能安装新战斗室。由阿尔凯特公司设计的新战斗室的正面装甲有一定倾角，其防护水平相对三号突击步兵炮更胜一筹：正面装甲厚 100 毫米，侧后装甲厚 50 毫米。

捷克斯洛伐克的斯柯达公司为突击坦克设计了全新的 150 毫米口径 StuH 43 榴弹炮，它比 sIG 33/1 步兵炮成熟得多，炮管从炮架上的护套中穿过，炮架通过底座固定在四号坦克的车体上。

TM D 2031 技术手册对该炮有如下描述：

……15 厘米 *Sturmhaubitze* 43（L/12）突击榴弹炮是一种配装四号突击坦克的电击发火炮，所用弹种包括 15 厘米 IGr 33、15 厘米 IGr 38，以及 15 厘米 IGr 39（Hl）。

StuH 43 使用与 sIG 33/1 相同的炮弹，威力已经足够强大，无须改进。该炮安置在车体内的大型横梁上，技术手册对其结构有如下描述：

◀ 首批量产的突击坦克之一。图示这辆是指挥车，其战斗室右后部装有指挥天线，天线装在带装甲护罩的陶瓷绝缘基座上，车首装有 30 毫米厚的附加装甲

……火炮底座承载着炮管和摇架，摇架带高低机和方向机，用于调整火炮的俯仰角和方位角。主要部件包括：

- 带防危板和球形炮座的摇架
- 带液力备用开关的制退机
- 复进机
- 带高低机和方向机的炮架上部结构
- 瞄准装置
- 电击发装置
- 底座

StuH 43 的炮管全长为 1801 毫米，含底座在内的总重为 1.85 吨。

IGr 38 高爆弹的最大射程为 4300 米，威力巨大。作战时，突击坦克通常跟在前锋部队后方，快速且精准地打击坚固目标。它能在集中攻击时提供直接火力支援，效能远高于 sFH 18 这类传统牵引式远程火炮。

IGr 39 HL 是一种破甲弹，它让四号突击坦克至少在纸面上具备了反坦克能力。这种炮弹的成型装药战斗部威力与德军其他型号破甲弹大体相当，能在 100~900 米的有效射程内击穿 90 毫米厚的装甲，但由于初速过低，精度难以保证。

牵引式 sIG 33 步兵炮还配有 150 毫米口径 IGr 38（Nbl）烟幕弹，至于四号突击坦克是否也配有这一弹种，目前已无从考证。

不知为何，早期的四号突击坦克没有配备机枪，这可能也是仓促投产所致。1943 年 11 月至 1944 年 5 月生产的第二批车仍然没能解决这一问题（译者注：原文有误，该车的前半扇装填手舱门开有机枪射击口，立起后能充当机枪防盾，只是不能在车内操纵机枪）。

四号弹药运输车

德军高层授权维也纳军械库以翻新的四号坦克车体为基础，为第一批列装突击坦克的部队开发一种装甲弹药运输车。实际用于改造的可能都是一些很早批次的车体。现存的一组照片显示，有一辆四号弹药运输车（*Munitionsträger auf Fahrgestell* PzKpfw IV）是基于底盘序列号为 80655 的四号坦克 D 型改造的。

四号坦克原有的炮塔在改造时被移除，以圆形钢质盖板覆盖座圈开口，盖板分为两部分，可向两侧开启，整体还可旋转。车内可携载 70 枚 150 毫米口径炮弹，通过座圈开口装卸。

这些弹药运输车和四号突击坦克一样，在车体侧面加装了裙板。除炮弹外，这些弹药运输车还携载了一些工具和备件（包括 4 具备用负重轮），以更好地支持突击坦克作战。

维也纳军械库总共生产了 6 辆四号弹药运输车，均配发给第 216突击坦克营，直到 1944 年，在意大利战场上还能看到它们的身影。

部队编制情况

1943 年 4 月，第 216 突击坦克营在被德军占领的法国亚眠（Amiens）组建，由于突击坦克总共只生产了 52 辆，这时还没有为

◀ 第 216 突击坦克营装备的突击坦克。根据螺接的附加装甲可以判断，它是由翻新的四号坦克 E 型车体改造而成的（译者注：此图注可能有误）

他们单独编制战斗力统计表，而是采用了既有的组织架构。全营编有 1 个营部连和 3 个战斗连，共装备 45 辆突击坦克。

在决定生产更多的突击坦克后，1943 年 5 月 5 日，德军为突击坦克营编制了专用战斗力统计表，原有的 1156（临时）战斗力统计表和 1160（临时，14 车编制连级部队）战斗力统计表随即作废并销毁，因此具体内容不得而知，但既然有"临时"二字，就意味着它们都不会使用太长时间，一旦在实战中发现不足，就会有相应调整。目前仅存的突击坦克营战斗力统计表是 1943 年 11 月 1 日的版本，尽管内容真实性存疑，但实在没有其他资料可供参照了。最初的营部连和 3 个战斗连仍然保留，维修排从营部连独立出来，但其具体编制没有明确记载。

营部连（Stabskompanie）

突击坦克营的营部连在编制上与类似单位有所不同，其通讯分队装备 3 辆指挥型突击坦克，远程无线电设备可维持各战斗连与营长间的联系。侦察排装备了摩托车和越野车。维修分队的编制相对简单，1944 年的战斗力报告显示，第 216 突击坦克营又设立了一个独立的维修排。

运输分队装备了大量 3 吨级和 4.5 吨级卡车，负责运输和补充弹药。库尔斯克战役期间，运输分队又得到了若干辆四号弹药运输车，但这一情况并没有体现在战斗力统计表中。

▲ 战术编号 38 的突击坦克被苏军缴获后，在库宾卡坦克学校展陈。该车的后部细节很有看头，根据较长的早期型排气管消声器判断，它是由四号坦克 E 型车体改造而成的，战斗室后门敞开，两侧是通风口装甲护罩，罩顶有天线基座

突击坦克连（*Sturmpanzerkompanie*）

　　第 216 突击坦克营下辖的 3 个战斗连，在规模上与突击炮营下辖的战斗连基本一致，但具体编制有所不同，分为 3 个排，每个排装备 4 辆突击坦克。突击坦克营和突击炮营的战斗车辆总数相同，在满编状态下都是 45 辆。

　　突击坦克营的卡车规模完全能满足后勤需求，此外还有 6 辆四号弹药运输车。在不同战线作战的突击坦克营装备的后勤车辆型号不尽相同，在泥泞多雪的东线，使用较多的是越野能力较强的 Sd.Kfz.3 "骡子"（*Maultier*）半履带卡车，而在其他战线配发的则多是普通的 3 吨级卡车。

"城堡行动"期间的德军特种工兵装备

　　德军的"城堡行动"在筹备阶段就已经被苏军察觉，而总攻日期一推再推，又让苏军获得了宝贵的准备时间。苏军用了几个星期来

▲ 第 216 突击坦克营的一辆突击坦克，战术编号 30，摄于"城堡行动"初期，该车的侧裙板已经遗失，但挂架尚存，侧裙板能有效抵御苏军反坦克枪的抵近攻击

加固防线、增派兵力，为野战炮和反坦克炮修筑了坚固的阵地，还埋设了数不清的反坦克地雷，对德军装甲部队严阵以待。

　　德军自然料到了苏军会大幅提升防御水平。为此，他们特意抽调了一批特殊的攻坚部队对付苏军的"铜墙铁壁"。

　　早在大战爆发前，德军高层就已经意识到，作为进攻主力的装甲部队无法独立攻克雷场、半埋式反坦克阵地和炮兵阵地一类的防御工事。装甲部队要想突破防线、占领阵地，就需要工兵的有力支持。古德里安在《装甲部队》（ Die Panzertruppen ）一书中梳理了工兵所能承担的诸多任务，他认为工兵在支援装甲部队进攻方面将发挥关键作用：

　　……无论在进攻中还是防御中，工兵对装甲兵的支援都是不可或缺的。他们的任务包括帮助装甲部队穿越河流、沼泽和土质松软地带，这些任务都要由装甲部队直属工兵营承担。而在情况复杂或遭遇障碍物时，装甲部队必须与装备特种设备的工兵部队协同作战。

突击坦克营

1943 年 11 月 1 日发布的

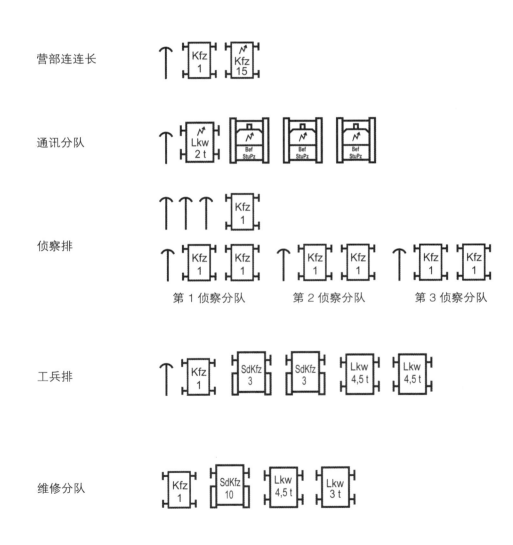

营部连连长

通讯分队

侦察排

第 1 侦察分队　　　第 2 侦察分队　　　第 3 侦察分队

工兵排

维修分队

营部连编制

KStN.1156 战斗力统计表标准编制

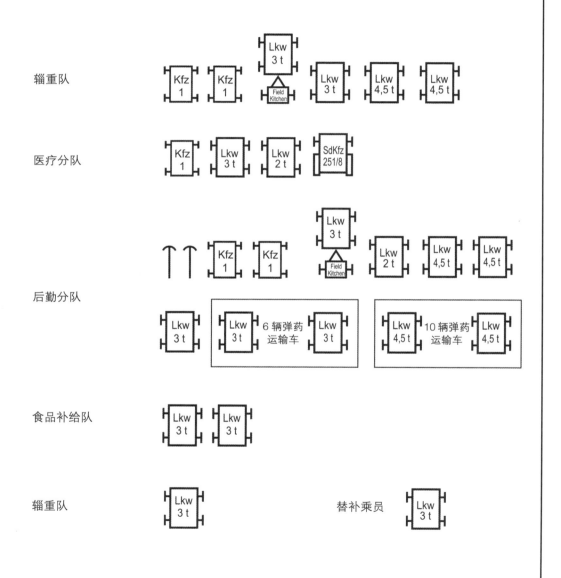

辎重队

医疗分队

后勤分队

食品补给队

辎重队　　　　　　　　　　　　　　　　替补乘员

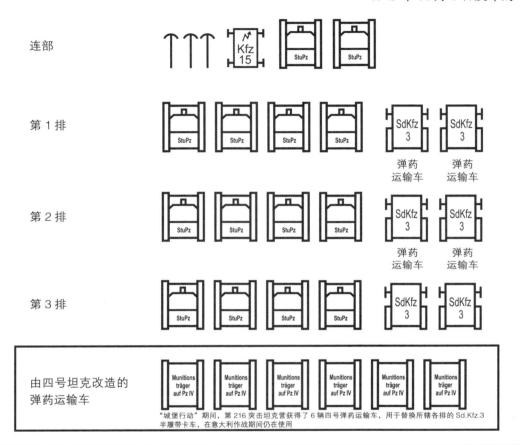

突击坦克营战斗连

1943 年 11 月 1 日发布的

连部

第 1 排

弹药运输车 弹药运输车

第 2 排

弹药运输车 弹药运输车

第 3 排

由四号坦克改造的弹药运输车

"城堡行动"期间，第 216 突击坦克营获得了 6 辆四号弹药运输车，用于替换所辖各排的 Sd.Kfz.3 半履带卡车，在意大利作战期间仍在使用

　　"特种工兵设备"直到战争爆发前夕才列装德军部队。陆军武器局还要求开发装甲架桥车，以及从坦克上投放炸药、清除障碍物的设备。但截至 1939 年 9 月，这些设备仍然没能开发完成。1940 年 1 月，第 6 集团军的集团军工兵总指挥（*Armee-Pionier-Führer*）作出如下报告：

　　……波兰战场的经验表明，工兵部队的现有装备已经无法跟上坦克和装甲掷弹兵的推进速度。第 16 军在报告中建议，应当为工兵连配备装甲车辆。我们一直强调，在西欧战场上，工兵对装甲师而言将发挥更重要的作用，装甲部队在西欧可能遭遇地形不利、敌方防御

编制（14 车制式）

KStN.1160 战斗力统计表标准编制

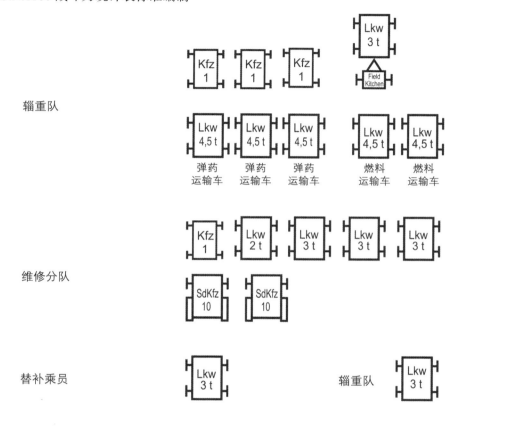

水平高于预期，以及敌方指挥与装备水平提高等状况，这就需要前方的坦克、步兵和工兵及时开展紧密合作。如果没有装甲车辆的保护，工兵将无法及时驰援……装甲工兵营应当派出至少一个连的力量紧密协同坦克行动，其他连最好也能搭乘装甲输送车……

　　德军最初要求所谓的"破障爆破坦克"（*Panzer mit Vorrichtung zum Sprengen von Hindernissen*）在不影响越野性能的前提下配装一具用于投放爆炸物的长臂（最好能安置在炮塔顶部），在接近障碍物时投下能定时引爆的爆破装置，并在引爆前安全撤回。他们本打算用四号坦克来改造这种破障坦克，但碍于车体数量不足且预算紧张而无奈作罢。最终的方案是用一号坦克（以及一些二号坦克）来搭载破障设备（*Zerstörungszüge*），投放设备的结构也大幅简化，爆破装置安放在一个金属箱中，金属箱用支架固定在坦克尾部，足以抵御步兵轻武器的攻击。接近障碍物后，车长会拉动操纵索投下爆破装置，随即掉头撤离。

对装甲师属工兵单位而言，如何在突袭时扫清密集的雷区着实是一件棘手的事。炸药包能引爆很大一片地雷，但投放安全性无从保障。既有装备无法在打开的通路上放置标识，引导坦克和装甲输送车安全通过。此外，破障坦克的装甲防护相对薄弱，很容易沦为反坦克炮甚至反坦克枪的"活靶子"。

工兵装备亟待实现技术突破。许多国家都选择直接在普通的战斗坦克上安装滚轮式或链枷式扫雷装置，而德国人选择了一个截然不同的发展方向。

为做到全面客观，笔者必须在此补充说明，德国实际上也尝试过与其他国家类似的技术路径。他们曾用四号坦克C型开展扫雷滚试验，但据笔者所知，效果并不理想。四号坦克C型的动力孱弱，无法在崎岖地形下推动扫雷滚，因此项目最终止步于试验阶段，只有一辆坦克完成改造并接受了测试。有资料显示，直到战争结束前夕，陆军武器局仍在测试一种由"黑豹"坦克搭载的链枷式扫雷装置。盟军的同类装置都是靠一台外挂式辅机驱动，而德军的装置要靠坦克的主动轮通过链条驱动。从测试报告可以看出，这套装置结构脆弱，而且链条传动机构会导致坦克无法转向，设计上并不成熟。

鉴于机械式扫雷装置难堪大任，德军在战争时期又开发了技术更先进的扫雷设备，例如遥控爆破车，操作员可以在安全距离内，通过搭载有控制装置的引导车，操纵遥控爆破车驶向敌方防线，对其炮位、障碍物和雷场实施爆破。宝沃公司（Borgward）开发的BⅠ扫雷车（*Minenräumwagen* BⅠ）是德军列装的第一型遥控爆破车，这是一种体积较小的履带车，车体由混凝土制成，车后拖曳着带棘齿的滚轮（即扫雷滚）。BⅠ扫雷车的设计并不成功，有时没等扫雷滚引爆地雷，车体就已经被地雷炸毁了。

后来的宝沃BⅡ（Sd.Kfz.300）扫雷车体积稍大些，车体改为钢质，与BⅠ扫雷车最大的不同是，它的车体内装有500千克炸药。BⅡ扫雷车的引导车是一辆轻型装甲指挥车［klPzBef Wg（Sd.Kfz.265），即一号坦克指挥车］。引导车控制爆破车驶向目标区并引爆地雷，炸药的爆炸威力足以摧毁40米范围内的所有雷场、阵地或工事。然而，两者的越野能力和巡航速度都难以满足要求。

1940年，德国人开发了一种轻型爆破载具，即Sd.Kfz.302/ 303

▲ 一辆搭载炸药投放装置的一号坦克 B 型，正借助轻型工兵桥越过步兵战壕。只要使用得当，它就能发挥很大作用

◀ 第 1 装甲师的一辆搭载炸药投放装置的一号坦克 B 型，它的炸药箱后部还装有一块装甲护板。不同部队使用的炸药投放装置在结构上都存在差异

"歌利亚"（Goliath）。这是一种线控车，能携载 60 千克炸药，只适合对付小型目标。

1937 年，宝沃公司按合同开发了一种服务于步兵的弹药输送车，即 VK 302。该车自身载荷为 50 千克，车后还可拖曳一台载荷同为 50 千克的 Sd.Anh.32 拖车。VK 302 在 1940 年年末投产，但只生产了 20 辆。东线的国防军第 1 步兵师下辖的第 801 装甲弹药运输连（gepMunTrspKp 801）就装备了这种输送车。尽管 VK 302 在 1942—1943 年的战斗中表现出色，但德军并没有选择增产。1941 年，宝沃公司决定以 VK 302 的部分组件为基础，开发一种新爆破车，最终的成果就是宝沃 B Ⅳ（Sd.Kfz.301）。

技术特征

B Ⅳ A 型是一种全履带车，它的悬架和变速器都基于成熟技术开发，与德军既有半履带牵引车和装甲输送车基本一致。其履带上装有橡胶垫，能在铺装道路上高速平稳行驶。

B Ⅳ A 型搭载 1 台最大输出功率为 49 马力的 2.3 升宝沃水冷汽油机，动力室和燃油箱都位于车尾，发动机右侧是无线电控制单元，驾驶席位于车体右侧、动力室之前（该车在不执行作战任务时由驾驶员操纵）。后来的 B Ⅳ B 型在驾驶席前部、左侧、右侧分别加装了可立起或放倒的 8 毫米装甲护板。

B Ⅳ A 型的车体首部有一定倾角，在卸载炸药箱时，可使炸药箱沿车首斜面滑向地面。卸载炸药箱后，它会在引导车的控制下返回，准备执行下一次任务。

车体由 5 毫米厚的软钢板制成，德军在实际使用中发现防护水平堪忧，于是在两侧悬架以上的位置又加装了 8 毫米厚的附加装甲板。1942 年 4 月到 1943 年 6 月，B Ⅳ A 型的总产量达到 628 辆。

B Ⅳ B 型于 1943 年 7 月入役，相对 B Ⅳ A 型有些许改进，整体上大同小异。B Ⅳ B 型的车体侧面钢板厚度增加到 10 毫米，同时保留了附加装甲板，驾驶席侧面增开了一个小型逃生门。

B Ⅳ A 型和 B Ⅳ B 型原装的挂胶履带饱受诉病，因此，有 260 辆 B Ⅳ B 型在生产期间换装了新型全钢履带。

1943 年 12 月，改动较大的 B Ⅳ C 型列装部队。其车体装甲厚度按部队要求增加到 20 毫米，能抵御轻武器打击，战斗全重增加到 4.6 吨。动力系统也进行了相应改进，换用最大输出功率为 78 马力的宝沃 3.8 升汽油机，机动性大幅提升。

遥控爆破车的实际应用

　　1943 年 4 月 2 日的《27/1 基础操作手册》（*Merkblatt* 27/1）记载了一些有关遥控爆破车［Panzer（Fkl）］实际应用的宝贵细节：

基础手册

　　本手册介绍了在当前（1943 年 3 月）技术条件下使用遥控爆破车时要遵循的原则。尽管该车已经可以执行前线作战任务，但其开发工作尚未结束，因此目前无法提供冬季条件下的使用经验……

武器特性

　　1. 遥控爆破车是配发给装甲兵的特种武器，可编入装甲团或（集团军属）独立装甲营，以连级建制投入作战。可供部署的最大完整建制应限制在连级。

　　2. 遥控爆破车在行军时由驾驶员操纵，在作战时由引导车（*Leit-panzer*，可由三号坦克、四号坦克或突击炮担当）遥控。该车除 450 千克可抛式爆破装置外再无其他武器，可加装烟幕释放装置。

▲ 图示这辆二号坦克 C 型可能来自第 1 装甲师，其车首加装了一具简易扫雷滚，这可能是在 1939 年波兰战役期间临时改装的。令人大跌眼镜的是，他们竟然用类似牲口缰绳的东西来控制扫雷滚的方向，车长可能是农家子弟，对这种操作方式并不陌生

▲ 一辆加装扫雷滚的四号坦克 C 型正在进行测试。据笔者所知，这一改装方案最终胎死腹中，但前线部队也曾因地制宜地制作过类似装置

3. 遥控爆破车的机械性能不足以确保其在引导车的遥控下成功穿越遍地弹坑或战壕密布的区域。该车无法在沼泽、未经清理的林地和灌木丛中作战。

4. 遥控爆破车既是一种侦察装备，也是一种进攻武器。将其投入作战可节省大量人力物力。伴随坦克编队突击的爆破车，应当用于处置那些可能阻滞进攻，且其他武器难以有效打击的目标。

5. 遥控爆破车的遥控范围是 2000 米，适用于执行如下任务。

作为侦察车辆作战：

a）在搜索敌方防御阵地时置于装甲前锋部队之前，用于吸引敌方火力及诱爆地雷。

b）测试作战地域的通过性（例如沼泽、坡道或狭窄道路）⋯⋯

作为爆炸物投放载具作战：

c）清除阻隔道路或布置在路外的障碍物和街垒等。

d）摧毁各类防守严密的坚固阵地。

e）消灭敌方阵地的有生力量（对 40 米范围内的敌有生力量形成致命伤害，使 80 米范围内的敌有生力量暂时丧失作战能力）。

f）在其他方式均告无效的情况下炸毁敌方重型坦克。

g）在敌方火力威胁下代替工兵摧毁桥梁或障碍物。

作为烟幕释放装置载具作战：

h）释放烟幕遮蔽己方行踪，遮蔽敌方视线，或遮蔽交战区域。

i）在毒气沾染区开展洗消作业，清理小范围区域。

6. 如果遥控爆破车触发地雷，车上的 450 千克爆破装置会一并殉爆，导致车辆彻底损毁，同时，周围 15 米半径范围内的地雷也会悉数引爆。因此，遥控爆破车只能用于清除已知雷场，且每次只能处理少量地雷，并不具备一次清除整片雷场的能力……

7. 引导车可由三号坦克、四号坦克或突击炮担当。车上装有无线电信号发射装置，原有武器（例如主炮和机枪）予以保留。一辆引导车只能控制一辆遥控爆破车行动。

8. 遥控爆破车装有无线电信号接收装置，可接收并执行如下指令：起动、停止、右转、左转、加速、减速、前进、后退、起爆、投放爆破装置、释放烟幕。

9. 为保证操作安全，在遥控爆破车处于行军和停放状态时，应拆除爆破装置的引信。在没有引信的情况下，只有在被航空炸弹或大口径炮弹直接击中时，才可能引爆爆破装置，口径较小的炮弹只能击穿爆破装置，但不能将其引爆。如果遥控爆破车起火，则爆破装置只会缓慢燃尽（而不会发生爆炸）。（其他装备和人员）在行军、集结和停歇时，应与遥控爆破车保持至少 20 米的安全距离……

▲ 曾有一批数量不详的 B Ⅳ 遥控爆破车用于搭载浮桥，辅助人员和车辆跨越水体障碍。据笔者所知，这种变形车并没有在实战中出现过

▲ 意大利内图诺，英军拆弹小组正在检查 3 辆被德军遗弃的"歌利亚"线控爆破车（Sd.Kfz.302）

► "歌利亚"线控爆破车内部装有汽油机，前部舱室用于放置炸药，此时炸药已经移除

从手册内容可以看出，遥控爆破车所带来的风险在一般条件下是可控的，尽管如此，部队还是上报了多起人员伤亡事故。以下继续摘录手册内容。

作战原则：

17. 装备遥控爆破车的部队应当在装甲师或装甲掷弹兵师的架构下执行作战任务。遥控装甲爆破连作战期间通常应当配属装甲团，下辖各排分别跟随一个装甲营。

18. 投入作战的最小建制为排。1 个梯队（译者注：指 1 辆引导车与若干辆遥控爆破车组成的小型编队）只能控制 1 辆遥控爆破车，受此限制，不允许将单个梯队配属其他单位一道行动。此外，如果将排级分队进一步拆分，则指挥和后勤工作都将难以为继。

19. 作战地域的通过性和植被情况对遥控爆破车的行动有重大影响。平坦、视野开阔、没有障碍物的区域允许大量遥控爆破车同时行动，但这种条件也有利于敌军行动。植被茂盛、地形崎岖、视野狭窄的区域，在多数情况下只允许单个遥控爆破车行动，需要沿铺装道路执行任务时也是如此。

20. 上级指挥官与遥控爆破部队指挥官能否齐心协力，是决定爆

▼ 在为希特勒和军方高层准备的展示活动上，一辆宝沃 B Ⅳ B 型遥控爆破车和一辆"歌利亚"线控爆破车并排停放，这辆 B Ⅳ B 型配装的是干销履带

▲ 宝沃 VK 302 原本是作为装甲弹药运输车开发的，采用发动机后置布局，配装与德军半履带车类似的挂胶湿销履带

► 一辆被美军缴获的 B Ⅳ B 型遥控爆破车，配装挂胶履带，B Ⅳ A 型和 B Ⅳ B 型的驾驶席都设在车体右侧

破任务成败的关键因素。在战斗开始前，上级指挥官应当了解遥控爆破部队指挥官的想法，并基于自己的视角提出建议。作战期间，遥控爆破部队指挥官应当与上级指挥官保持紧密联系，从而及时利用遥控爆破车打开通路，扩大战果。

21.即使是以排级规模投入战斗，也需要对围绕遥控爆破车的行动进行系统准备，并确保有其他武器支援。除来自引导车的近程防御火力外，遥控爆破车执行所有类型的任务时都需要以密集火力掩护。执行掩护任务的单位必须全程密切观察遥控爆破车的行动，这样才可能及时摧毁所有暴露的敌方防御武器，仅靠引导车的火力是无法做到这一点的。

22.这一特种武器只能在敌人毫不知情的条件下使用。爆炸形成的猛烈冲击会大幅削弱敌方的防守意志。

23.在执行任何任务前，都可以利用支援火炮制造烟幕，遮蔽敌方防御武器操作员和炮兵观测员的视线，但烟幕不应影响己方操作员监控遥控爆破车和打击目标。

24.在由遥控爆破车出发点通往预定目标的路径上，一定范围内不应当有障碍物，炮兵应当控制火力，避免炮弹射入这一范围内，否

▲ 一辆拆除发动机和后部舱室的宝沃 VK 302，这可能是为修理传动机构做准备，发动机和燃油箱要占去车体后部的一半空间

▲ 一辆装有小型摄像机的 B Ⅳ B 型遥控爆破车，配装摄像机后，操作员能在爆破车超出自己视野范围的情况下进行有效操作

则炸出的弹坑可能妨碍遥控爆破车行进。

　　25. 为确保遥控爆破车处于良好状态，投入战斗前必须进行技术停车并实施检修。战斗结束后，装备遥控爆破车的单位必须同其他装甲单位一样集结，并开展维护作业。遥控爆破车单位不能执行突破后的纵深任务，也不能执行阵地守卫任务。

　　26. 不可在每次战斗中都将遥控爆破车引爆。对执行侦察任务时瘫痪、无法自行驶回的遥控爆破车，必须进行回收修理。不允许让遥控爆破车落入敌手，在遭遇直接威胁时，应当将其引爆，或利用其他武器将其摧毁……

　　遥控爆破车很适合执行释放烟幕的任务，它能在地形或条件不适合一般炮兵武器使用烟幕弹的区域开展发烟作业，它的发烟速度快且稳定，效果立竿见影。手册中对此记载如下。

　　11. 可在遥控爆破车上安装烟幕释放装置，在地形或条件不适合炮兵使用烟幕弹的区域释放烟幕，该装置配有 8 枚 42 型长效烟幕弹（ *Langnebelkerzen* 42），单枚释放的烟幕可持续 25~30 分钟。可通过遥控操作，每次投放并触发一枚烟幕弹，在人工驾驶时也可进行触发操作。

32. 有关烟幕弹使用的（既有）规定同样适用于遥控爆破车，利用遥控爆破车释放烟幕具有如下优势：

a）车辆可一边机动一边发烟。

b）可在特定位置投放烟幕弹。

c）可在特定交战区和战线点位通过连续投放烟幕弹的方式不断释放烟幕。

遥控爆破车的发烟功能可发挥多重作用，可用于干扰我方侧翼难以压制的敌方武器，或用于在我方与敌方脱离接触时遮蔽我方行踪……

手册还记载了 B Ⅳ的技术数据：

7.B Ⅳ装甲遥控爆破车是一种全履带车。

车高：1.25 米
车宽：1.80 米
全长：3.35 米
战斗全重：3.6 吨
续驶里程：150 公里
越野能力：与三号坦克相当
底盘离地间隙：20 厘米
越壕宽度：1.35 米
越障高度：0.45 米
最大爬坡度：35 度
涉水深度：0.80 米
装甲防护水平：只有正面可抵御步兵重武器打击

参加库尔斯克战役的遥控爆破单位组织架构

前文提到，1940 年时，德军利用第一批遥控爆破车组建了第 1 扫雷连（*Minenräum-Kompanie* 1），它的前身是一支名为"格尼立克

▲ B Ⅳ遥控爆破车抵达目标位置后，操作员会遥控相关机构释放 450 千克炸药箱，炸药箱随后会沿车首斜面滑向地面，完成这一系列动作后，操作员会遥控爆破车返回己方阵地

▶ 美军于 1944 年缴获的 B Ⅳ C 型遥控爆破车，炸药箱已经取下，注意 B Ⅳ C 型的驾驶席位于车体左侧

连"（*Kompanie Glieneke*，格尼立克是位于柏林郊区的一个地方）的试验部队。1940 年 9 月 15 日，该连扩编为第 1 扫雷营（*Minenräum-Abteilung 1*），下辖 2 个连，隶属工兵序列，其组建和训练工作进展相对缓慢。1941 年 9 月，第 1 扫雷营转隶装甲兵序列，更名为第 300 无线电引导装甲营［*Panzerabteilung*（FL）300，FL 是德文 *Funkleit* 的缩写，意为无线电引导］。

早在 1941 年 4 月，装甲兵部队就已经组建了第 300 无线电引导装甲连［PzKp（FL）300］。为避免番号混淆，在第 300 无线电引导装甲营组建后，该连改编为第 301 无线电遥控装甲营。1943 年初，无线电引导单位名称中的"*Funkleit*"（无线电引导）一词，变更为"*Funklenk*"（无线电遥控）一词，后缀则相应地由"FL"变更为"Fkl"，其实这两个德文词组的含义是差不多的。

1943 年 1—2 月，第 301 无线电遥控装甲营调整编制，下辖营部、营部连以及 4 个轻型装甲连（标准编制是 3 个连）。该营是集团军直属的独立部队，其下辖的 4 个战斗连也是彼此独立的，可拆分使用，分别配属不同的装甲部队。4 个连的番号分别为 311、312、313 和 314。

库尔斯克战役结束后，这 4 个连相互间依旧保持着独立关系。1943 年 9 月的德军战斗序列显示，第 311 连配属给了大德意志装甲掷弹兵师虎式坦克连（第 13 重型装甲连），以协同作战。第 312 连在荷兰的奥尔德布鲁克（Oldebroek）训练场休整，第 313 和第 314 连则被调回法国的迈侬莱康（Mailly le Camp）休整。

以下还是来自手册的内容。

13. 最小作战建制为排级。

排编制如下：

排部（*Zugtrupp*）

3 个梯队，每个梯队编有：

1 辆引导车（*Leitpanzer*）

4 辆遥控装甲车

1 辆用于运输备用爆破装置和烟幕释放装置的牵引车

连编制如下：

连指挥部（*Kompanietrupp*）

2 个排

1 个后勤分队

1 个维修分队

▼ 下页图：射击场上的"费迪南德"自行反坦克炮，其 88 毫米口径主炮处于最大仰角状态，德军正在测试它的曲射性能，看它能否提供有效的间接支援火力，古德里安将军正通过剪式望远镜观察射击效果

f 型（无线电遥控）轻型装甲连

1943 年 1 月 1 日发布的 KStN.1176 战斗力统计表标准编制

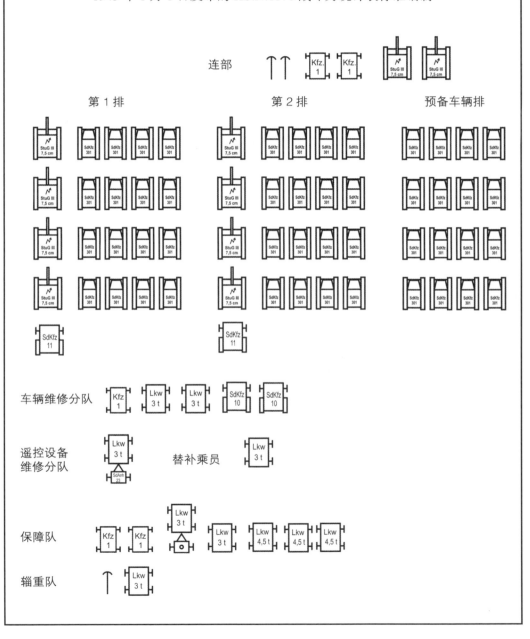

f 型（无线电遥控）装甲营营部

1943 年 1 月 1 日发布的 KStN.1107f 战斗力统计表标准编制

营编制如下：

营部

1 个营部连

3 个遥控装甲连

1 个维修分队

装备宝沃 B Ⅳ 的部队在编制上遵循如下战斗力统计表：

f 型装甲营营部（*Stab Panzerabteilung* f）KStN.1107f（1943 年 2 月 1 日发布）

f 型装甲营连部（*Stabskompanie* PzAbt f）KStN.1171f（发布日期同上）

f 型轻型装甲连 KStN.1176f（Fkl）（发布日期同上）

1943 年年初发布的这几份战斗力统计表都是结合遥控爆破部队的作战反馈、技术发展和装备状况不断修订而成的。1943 年 11 月 30 日和 1944 年 6 月 1 日又分别发布了新版本，不幸的是，新版发布后旧版被悉数销毁，没能留存下来。本书中，库尔斯克战役之前版本的战斗力统计表，是笔者根据新版本的内容和现存的照片资料还原推测出来的。

按 1943 年 1 月的战斗序列，连部通讯排（*Nachrichtenzug*）配发 3 辆三号指挥坦克（装 50 毫米口径 KwK L/42 炮），这 3 辆坦克各承担一个连的通讯中继任务。

按 1176f（Fkl）战斗力统计表（1943 年 2 月 1 日发布），每个连

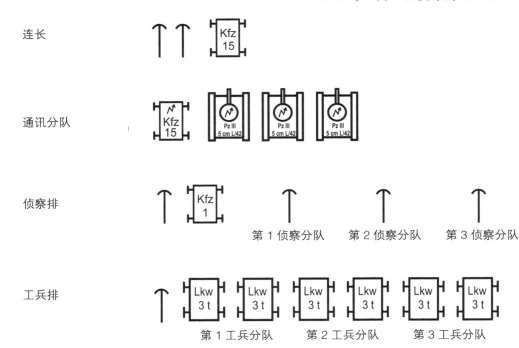

f 型（无线电遥控）

1943 年 1 月 1 日发布的 KStN.1171

应装备 10 辆三号突击炮或三号坦克作为引导车，这些引导车各搭载 1 台无线电信号发射装置，原有武器均予保留。

由于可执行的任务相对单一，无线电爆破单位装备的辅助车辆较少，战斗力统计表中的 2 吨级运输车可用 1.5 吨级同类车辆替代。在东线作战的单位还用纳苏牌半履带摩托车（NSU *Kettenkrad*，Sd.Kfz.2）替代了轮式摩托车，一部分 3 吨级卡车则被"骡子"半履带卡车替代，后者在泥地和雪地上的机动性更佳。用于回收 B Ⅳ 的是 2 辆 3 吨级 Sd.Kfz.11 半履带牵引车（*Zugkraftwagen* 3t）。

在 1944 年的新版战斗力统计表中，营部连工兵排扩编了 3 辆装甲工兵输送车（*Pinonierpanzerwagen*，Sd.Kfz.251/7，一种中型半履带装甲车）。

根据部队反馈，1944 年 4 月，一些遥控爆破连的引导车由突击炮和三号坦克换成了 10 辆虎式坦克，组织架构也有相应调整。每个战斗连装备的 Sd.Kfz.301 遥控爆破车的数量由 12 辆削减到 9 辆，备用车辆排的车辆数量则由 12 辆削减到 4 辆。

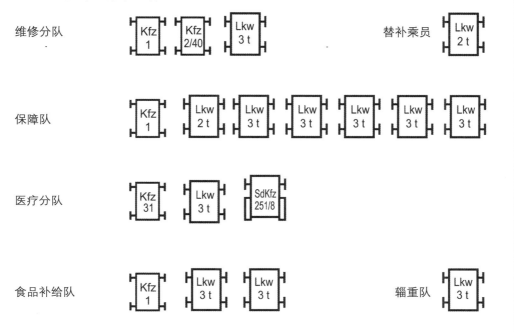

装甲营营部连

战斗力统计表标准编制

| 维修分队 | Kfz 1 | Kfz 2/40 | Lkw 3 t | | | | 替补乘员 | Lkw 2 t |

| 保障队 | Kfz 1 | Lkw 2 t | Lkw 3 t | Lkw 3 t | Lkw 3 t | Lkw 3 t | Lkw 3 t |

| 医疗分队 | Kfz 31 | Lkw 3 t | SdKfz 251/8 |

| 食品补给队 | Kfz 1 | Lkw 3 t | Lkw 3 t | | | | 辎重队 | Lkw 3 t |

随着新版战斗力统计表的发布，基础手册内容也进行了相应更新，但战术原则没有改变。有趣的是，1 辆虎式坦克引导车能同时控制 2 辆遥控爆破车，而 1 辆突击炮或三号坦克引导车则只能控制 1 辆。

第 313 和第 314 无线电遥控装甲连按上述方式调整了编制，并分别更名为第 508 重型装甲营第 3 连和第 504 重型装甲营第 3 连，这两个营都在意大利作战。第 316 无线电遥控装甲营配备了"虎王"坦克，编入了著名的装甲教导师（*Panzer-Lehr-Division*）。

第 301 无线电遥控装甲营在 1944 年 9 月调整编制时接收了 31 辆虎式坦克，同年 10—12 月部署在西线的亚琛（Aachen）附近作战。

第 656 重型坦克歼击团的组建 2

在斯大林格勒和北非战场接连遭遇惨败后，德军总参谋部的决策者们迫切想要发动一场大规模战役，夺回东线战场的主动权。他们看中了库尔斯克一带苏军防线形成的巨大突出部，想要通过一场大战将其围歼。总参谋长蔡茨勒将军提出让中央集团军群（*Heeresgruppe Mitte*）和南方集团军群（*Heeresgruppe Süd*）联手对防守严密的库尔斯克地区实施攻击，从而将苏军突出部与苏军主防线割裂。在铲除苏军突出部后，德军战线可缩短近 200 公里。

由霍特大将（Hoth）统领的南方集团军群以一次迅猛的攻势拉开了战役序幕，他们在南方集中兵力向北推进，经奥廖尔（Orel）打到库尔斯克。进攻部队中包括第 4 装甲集团军和肯普夫集团军级战斗群（*Armee-Abteilung Kempf*），共 9 个装甲师或装甲掷弹兵师，拥有1100 辆坦克和突击炮。中央集团军群莫德尔大将（Model）指挥的第9 集团军规模相对小一些，包括 8 个装甲师或装甲掷弹兵师。

第 9 集团军在 1943 年 3 月 26 日的战斗日志中有如下记载：

1943 年 3 月 26 日，第 9 集团军进入了一个全新阶段，按照来自中央集团军群的命令拟定了作战计划……按照计划，我部将在泥泞季节（译者注：指春秋两季）结束后恢复进攻态势。这对全军将士而言既是一次号召，也是一次鼓励，所有人都沉浸在巨大的欢乐和荣耀感中！"城堡行动"预计在 5 月 1 日前后发起，位于第 2 装甲集团军正面的实力强大的苏军部队，将遭到南方集团军群和我部的联合攻击、包围和剿灭。第 9 集团军的预定任务是集中 3 个装甲军的力量，沿奥廖尔－法捷日（Fatesh）－库尔斯克一线公路主干道和铁道线推进，同时在东侧建立一道防线。参加进攻的部队包括 6 个装甲师、1 个摩托化师、4 个步兵师、3 个突击炮营和 13 个重炮营……

◀ 一辆正在爬坡的"费迪南德"自行反坦克炮，其悬架系统的设计缺陷暴露无遗，左侧第一对轮组已经与履带脱离接触，处于悬空状态。如果此时进行转向操作，则很容易导致履带脱落

▲ 第 653 重型坦克
歼击营的"费迪南
德"自行反坦克炮，
车首喷涂有第 197 突
击炮营（第 653 营的
前身）的营徽，球形
炮座跳弹板的两侧装
有导雨槽，用于防止
雨水灌入动力室

上述内容表明，负责筹划"城堡行动"的参谋军官们在 3 月时还没打算将"费迪南德"自行反坦克炮或虎式坦克投入攻势。除上述内容外，这份战斗日志还列出了德军即将面对的所有已知的苏军单位。第 9 集团军总司令对进攻部队的状况并不满意，他们当时只有 159 辆三号和四号坦克可供调遣，除一个步兵师外再无其他预备队。因此，他们要求增派一个步兵师和一定数量的坦克。

1943 年 4 月 12 日，蔡茨勒将军召集下属，简要布置了有关进攻行动的具体工作。在筹备阶段结束后，参加进攻的部队将于 4 月 24 日开始集结，蔡茨勒希望在 5 月 15 日发起进攻。

摘自第 9 集团军 1943 年 4 月 14 日的战斗日志：

21 时 40 分，国防军最高统帅部（*Oberkommando der Wehrmacht*，OKW）电告中央集团军群行动计划已获批准……进攻日期（X 日，原为 5 月 1 日）将推迟 10 天……第 9 集团军司令官此前认为行动日期过早……我部装甲部队状况不容乐观……

1943 年 4 月 16 日

尘埃落定！19 时 00 分，集团军司令部接元首令，元首令开篇写道："我批准发起'城堡行动'，这是本年度第一次进攻行动……"库尔斯克的战斗将由最优秀的部队、指挥官和武器来实施，辅以最大限度的弹药供给，从而实现一次快速而全面的胜利。库尔斯克的胜利势必威震寰宇……

1943 年 4 月 18 日

重组后的第 9 集团军今日得到"魏斯集群（*Gruppe Weiss*）第 11 要塞司令部（*Festungsstab* 11）"的伪装代号……即将到来的增援力量包括 900 名工兵、第 177 突击炮营和 20 辆长身管型四号坦克……考虑到我部装甲部队的实际状况和对方实力，集团军总指挥官要求再增派 101 辆重型坦克……第 4 装甲师出现突发状况，正爆发斑疹伤寒疫情，作战效率受到影响……

1943 年 4 月 19 日

集团军指挥部今日接到坏消息，此前上级增派重型装甲单位的承诺被陆军最高统帅部否决……

德军在库尔斯克的进攻行动是重中之重，这在集团军总指挥官对战略形势的分析判断上体现得淋漓尽致：

1943 年 4 月 20 日

元首生日，集团军总指挥官为此举行阅兵仪式……夏季的战役将使我们朝着东线的决定性胜利再进一步，其重要性不言而喻。目前，在北非前出阵地（突尼斯）的德意联军状况极度危急，盟军很可能在欧洲南部海岸和大西洋沿岸登陆，与此同时，还可能对西欧的我军占领区和我国西部发起空降作战。潜艇部队是我们在西线的王牌……苏联目前仍然是我国最强大、最紧迫的威胁，他们与欧洲大陆间没有海洋相隔，只能靠国防军的人墙阻挡。最近发现，苏联曾在卡廷（Katyn）对波兰军官实施集体处决，来自东方的威胁已经昭然若揭，这一威胁只能通过一场全面的胜利来扫清。库尔斯克战役将是艰苦的胜利之路上的关键一步……

从日期相同的另一份报告中还能发现，第 9 集团军总指挥莫德尔曾与集团军群总指挥进行激烈争论。后者和陆军最高统帅部都强调进攻时间不能一拖再拖，但又不肯提供更多的人员和装备进行支援。莫德尔思前想后，认为自己不可能完成任务，便以辞职相逼。争论过后，中央集团军群不情愿地将进攻时间又延后了 14 天，并向陆军最高统帅部汇报。这次拖延的理由备注为"因天气状况不佳而推迟"。

战斗日志接下来记载如下：

1943 年 5 月 21 日

集团军群总指挥提醒第 9 集团军指挥官（莫德尔），该部目前有 227 辆坦克和 120 辆突击炮，人员和装备状况均已达到前所未有的水平。

1943 年 5 月 23 日

第 9 集团军总指挥部与上级间的对立状况终于缓解……蔡茨勒将军同意再向第 9 集团军调配 1 个装备 50 辆长身管型四号坦克的装甲营、1 个装备 20 辆虎式坦克和 25 辆三号坦克的装甲营，以及 1 个装备 40 辆突击炮和若干遥控爆破车的突击炮营。

上述报告提及的增援部队，包括第 505 重型装甲营和第 312 无线电遥控装甲连，这是德军第一次决定将这两支部队划归第 9 集团军参加战斗行动。

1943 年 4 月 26 日

……集团军群总指挥部通知我部"休假"时间再推迟两日（作者注："休假"是进攻开始的暗号），集团军指挥部的压力有所减轻……

1943 年 4 月 29 日

在帝国元帅戈林的特别要求下，空军第 12 高射炮师将所辖半数高射炮转供第 9 集团军指挥部调遣，用于对地作战……

接下来几天，天气状况逐渐转差，连日的大雨使俄罗斯广袤的黑土地形成了一片片泥沼，妨碍了德军的人员、装备部署和后勤工作。天气预报显示，此后降雨还会持续，德军最早只能在 5 月 9 日发起进攻。

1943 年 4 月 30 日

……集团军群要求不惜一切代价保障第 505 重型装甲营的虎式坦克出勤率。我部装甲部队实力可能得到进一步加强：今日，装甲兵总监派来一名上校，他奉命勘测进攻地区的地面是否能承载 90 辆超重型坦克（即"费迪南德"自行反坦克炮）行动。勘测结果表明，超重型坦克可以在第 9 集团军或南方集团军群的进攻地段投入作战。但这些战车的动力系统还存在问题，因此它们只适合执行一些规模有限的突破任务，无法开展长途机动。将这些战车送上前线将导致大量运

输车队延误，还会妨碍其他重要调动任务。因此，集团军方面对这份"厚礼"的感受是五味杂陈的。

　　由上述报告可以看出，国防军最高统帅部希望重型坦克歼击营在作战中发挥关键作用，这些战车将在第 9 集团军的序列中投入作战。此时的"费迪南德"自行反坦克炮既没有在东线服过役，也没有做好战斗准备。另一方面，德国的军事工业已经到了竭泽而渔的境地，无论如何，"费迪南德"都必须参加这次行动，战斗日志继续写道：

1943 年 5 月 4 日
　　行动再次出现较大波折，尽管原定的进攻日期还没有正式宣布作废……但集团军群总指挥部来电告知，陆军最高统帅部已决定再次推迟"城堡行动"的发起时间，新日期尚未确定，很可能推迟数周……

1943 年 6 月 25 日
　　今日，第 383 步兵师遭遇出乎意料的猛攻……我部预计"城堡行动"将于近日发起……我们开始进行部署，各部必须严格遵守命令，

▲ 第 653 重型坦克歼击营的 121 号"费迪南德"自行反坦克炮停放在一片树荫下。该车的战术编号采用黑色空心形式，可视度较低，与之形成鲜明对比的是，第 654 重型坦克歼击营的"费迪南德"战术编号采用了醒目的白色实心形式，便于在较远距离上识别

待到夜间再实施调动，所有车辆只允许在奥廖尔－克罗梅（Kromy）－斯米耶夫卡（Smijevka）的公路干道上行驶。用于第一波进攻的装甲单位已经确定，前锋部队将只包括第505重型装甲营（虎式坦克）和第312无线电遥控装甲连，以及第656重型坦克歼击团和其他两个无线电遥控装甲单位……

1943年6月27日

开始按照"城堡行动"计划进行部署……除非天气状况恶化，或对方抢先发起进攻，否则不得再推迟行动时间，目前看来这两种情况都不会发生。进攻准备工作已在此前几个月中基本完成，尚余一些收尾工作。我们向集团军群提出申请，可否让第505重型装甲营保留原计划淘汰的长身管型三号坦克。最后，上级再次下令强调了我方车辆应当使用何种识别方法（万字旗和橙色烟幕），以便空军飞行员判别敌我。

从上述内容可以看出，身为集团军指挥官的莫德尔要为留下每一辆坦克费尽口舌，这意味着德军此时的装备供应状况已经异常紧张。

1943 年 6 月 29 日

今天在平静中度过，向前线附近集结场调遣部队的行动按计划有序展开。天气状况对我军有利（多云有雨），苏军的空中侦察受阻，而我军车辆在行进时也不会扬起过多尘土。当下的主要问题是噪声，"费迪南德"（保时捷虎式）正从克罗梅驶向斯米耶夫卡，它的发动机运转噪声惊天动地，在 30 公里外都能听见，非常要命。现计划安排飞机在集结场上空巡航，以掩盖噪声……

1943 年 7 月 2 日

飞机出动受天气影响，因此它们无法完全掩盖"费迪南德"的噪声，今晚依然不宜出航，"费迪南德"将留在当前位置待命……与

▼ 下页图：第 653 重型坦克歼击营维修连的官兵为"费迪南德"自行反坦克炮喷涂了迷彩，而所有 B IV 遥控爆破车则维持出厂时的暗黄色涂装不变。注意，队首的 B IV 的炸药箱上有凹坑，这说明它是由薄金属板制成的。这辆 B IV 是配装挂胶履带的 A 型，后面几辆都是配装干销履带的 B 型

◀ 图中的布辛－纳格（Büssing-NAG）卡车用于运输燃料和弹药，并联的迈巴赫 HL 120 发动机耗油量颇高，严重限制了"费迪南德"自行反坦克炮的作战半径

此同时，第 9 集团军指挥部要求第 36 步兵师的突击炮通过炮击掩盖噪声，尽管采取了一系列措施，但我们认为对方不可能毫无察觉。

1943 年 7 月 4 日

部署工作将在今晚结束……陆军总长今天在前线召集参与行动的指挥官和师长们开了一整天会。很多代表认为，苏军会将炮兵部队分散到后方，以防被我军炮兵和空军集中打击，当前的空中侦察照片可以证实这一预判。

南方集团军群的一个军已率先投入"城堡行动"，他们成功抵达预定地点，未遇强烈抵抗……维斯集群，即新编第 9 集团军将在几小时内集结完毕，做好战斗准备。全体官兵都非常重视 1943 年的第一次进攻行动，他们将响应元首号召，全力打好即将到来的命运之战。我们对新型武器充满信心，第 9 集团军必能经受住考验。这将是一场苦战，对方已厉兵秣马，还有大量预备队可供调遣……

希特勒和蔡茨勒都认为装甲部队是这场战役中最关键的角色，他们寄予厚望的新型武器包括"黑豹"坦克、虎式坦克和"费迪南德"自行反坦克炮。

1943 年年初，德军还没有决定将"费迪南德"调配给哪些部队，而炮兵显然希望能完全掌控这些大家伙。1942 年 12 月，炮兵决定让第 190、第 197 和第 600 三个突击炮营各装备 30 辆"费迪南德"，并更名为重型突击炮营（*Sturmgeschütz-Abteilungen*），组织架构也进行了相应调整。

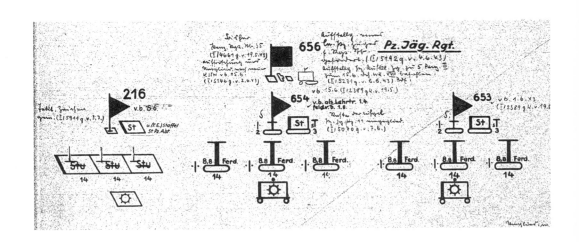

将"费迪南德"当作突击炮使用的想法很容易理解，因为两者在本质上有很多相似之处，它们都没有炮塔，武器射界都相对有限，既有的突击炮战术也完全适用于"费迪南德"。这样一来，突击炮兵就会拥有一种威力强大的武器，他们可以用这种武器对付数量与日俱增的苏军坦克。

不过，国防军最高统帅部的决定与炮兵的想法并不一致。1943年 2 月 28 日，古德里安大将出任装甲兵总监一职，他想将坦克和突击炮悉数纳入自己的管辖范围，但遭到了否决。最终，只有装备"费迪南德"的重型突击炮营转入装甲兵序列。古德里安还成功地将本应算作重型突击炮的突击坦克收入囊中，这种战车原本与突击炮战术高度匹配，却成了装甲部队的进攻武器。

接下来，古德里安决定组建 2 个装备"费迪南德"的营。第 190

▲ 虎式坦克在经由铁路运输时一般会换装较窄的运输履带，但这辆第 505 重型装甲营的虎式坦克仍装着较宽的战斗履带，这样肯定会超出铁路运输的宽度限制

▲ 在库尔斯克作战期间，第505重型装甲营的虎式坦克车体侧面都挂有带刺铁丝网，这样能有效阻止苏军反坦克小组爬上车

和第 600 重型突击炮营在解散后又作为普通突击炮营重建，都装备了三号突击炮。而第 197 重型突击炮营在调整编制后更名为第 653 重型坦克歼击营。第二支装备 "费迪南德" 的部队是第 654 坦克歼击营，他们于 1943 年 3 月 22 日重建，更名为第 654 重型坦克歼击营。

第 653 和第 654 营需要形成合力统一部署，因此，1943 年 6 月 8 日，德军又组建了它们的上级单位，即第 656 重型坦克歼击团，这是一股用于突破敌方坚固阵地的强大力量。甲坚炮利的 "费迪南德" 已经足够应付突破任务，而德军又将第 216 突击坦克营划归第 656 团指挥，因为他们的突击坦克正是为突破任务而生的。最终，第 653 营成为第 656 团第 1 营，第 654 营成为第 656 团第 2 营，而第 216 营成为第 656 团第 3 营。

德军高层对第 656 团的实力仍不满足，他们在库尔斯克战役打响前将第 313 和第 314 无线电遥控装甲连划归该团指挥，直接由团部调遣。

◄ 库尔斯克战役打响后，一辆"费迪南德"自行反坦克炮正全速前进，所过之处尘土飞扬，注意驾驶员头顶舱门上的潜望镜，炮口用防尘罩盖住，以防尘土进入炮膛

▼ 第 653 重型坦克歼击营第 1 连 134 号"费迪南德"自行反坦克炮的车组成员们，正在围观一辆 B IV B 型遥控爆破车，他们此时都在借助树荫躲避苏军侦察机

1943 年 6 月，德军在库尔斯克突出部完成集结。6 月末，第 656 重型坦克歼击团下属各单位均已抵达北翼战线的奥廖尔附近，他们是第 9 集团军的主攻力量之一。该团与第 505 重型装甲营密切协同，有如一柄重锤，德军将凭借他们突破苏军的坚固防线。进攻开始前一天，即 7 月 4 日，第 656 团在报告中梳理了他们当时的作战实力（下表只摘录装甲车辆部分）。

◀ 第 653 重型坦克歼击营 131 号"费迪南德"自行反坦克炮的车组成员在车身上插了一面"故障旗"，以此表示战车受损，需要帮助。战斗室后部的火炮维修舱门要么是被拆掉了，要么是在车内发生爆炸时被震掉了。战斗室背面的识别标识面积很大，非常显眼，容易被敌方发现

	第 656 团团部	第 656 团第 1 营（原第 653 营）	第 656 团第 2 营（原第 654 营）	第 656 团第 3 营（原第 216 营）	第 313 无线电遥控装甲连	第 314 无线电遥控装甲连
Sd.Kfz.250/5	5					
Sd.Kfz.251/8		1	1	1		
三号指挥坦克	3	1	1			
二号坦克	3					
三号坦克（装 50 毫米口径 L/42 炮）	2	5	5			
"费迪南德"自行反坦克炮		45	45			
四号突击坦克指挥型				3		
四号突击坦克				42		
三号突击炮					10	
三号坦克（装 50 毫米口径 L/60 炮）				7		
三号坦克（装 75 毫米口径 L/24 炮）				3		
宝沃 B Ⅳ					36	36

1943 年 6 月 20 日，第 505 重型装甲营上报，该部在奥廖尔附近共有 2 个连约 28 辆虎式坦克可投入作战，另有 3 辆虎式坦克正在维修，共有 14 辆虎式坦克的第 3 连预计很快赶到前线。7 月 5 日的战斗力报告显示，该营的全部 45 辆虎式坦克均已在开战前达到作战状态。第 312 无线电遥控装甲连也划归第 505 营指挥，该连共有 36 辆无线电遥控爆破车和 10 辆三号突击炮引导车。

1943 年 7 月 5 日，第 9 集团军在莫德尔大将的指挥下于凌晨 3 时 30 分发起进攻，第 9 集团军指挥部的战斗日志记载如下：

1943 年 7 月 5 日

今日天气晴朗，维斯集群揭去伪装，作为第 9 集团军的一部分参与发起"城堡行动"。在空军的全力配合下，第 41 装甲军和第 23 军于 3 时 30 分率先进攻。6 时 30 分，第 46 和第 47 装甲军亦在空军紧密支持下开始重点突击……尽管苏军早已做好防守准备，但他们看起来还是倍感惊慌……

截至 7 时 00 分，所有军级部队都取得了良好战果……后期发回的报告显示，越向前突破，苏军的抵抗就越强烈，各军级部队都遭到了炮兵和迫击炮的袭击……

遗憾的是，最初进展神速的第 23 军在下午受阻，情况急转直下。他们的前锋部队遭遇大批苏军反扑，后方部队也遭到藏匿在林地中的苏军的袭扰，损失严重。按计划，我部未留预备队，也未准备第二波和第三波进攻部队，指挥官决定缩短战线，转攻为守……

这样的开端并不令人意外。德军将手头的部队集中在一起进行重点突击，没有能应付突发情况的预备队，或只留了很小规模的预备队，这似乎能说明他们的作战计划并不周全。德军一次又一次地推迟进攻时间，等待充实兵力和武器，这给苏军留出了充足的侦察其战略意图和加强防御体系的时间，苏军还可以趁机向库尔斯克方向大规模调遣预备力量。更要命的是，一推再推的库尔斯克战役进攻时间，已经与盟军计划在 1943 年夏季发起的登陆行动（译者注：指在意大利的登陆行动）时间非常接近。在"城堡行动"首日的战斗结束后，第 9 集团军指挥部向上级汇报如下：

……各军级部队将在明日上午继续沿当前方向进攻。第 23 军左

◀ 第 654 重型坦克歼击营的 702 号"费迪南德"自行反坦克炮正赶往集结地，准备发起进攻。它的火炮行军固定器已经卸除，白色战术编号非常醒目。第 654 营的"费迪南德"都采用了网状迷彩涂装

翼将转入防御状态……总体而言，第 9 集团军在行动首日的进展令人满意。除第 23 军受阻外（我部对此已有所预料），实施重点突破的前锋部队皆进展顺利，（苏军的）第一道防线已被攻克，针对第二道防线发起的攻击也很成功。部署在前沿阵地的苏军各师均被瓦解……我部对明日的作战充满信心……

　　德军前锋部队能顺利突入苏军防线，在很大程度上要拜"费迪南德"自行反坦克炮和突击坦克所赐，这些"奇迹武器"甲坚炮利，能协助步兵像匕首一样"刺穿"苏军的前沿阵地。然而，事情真就这么简单吗？当然不是。

　　第一天的行动即将结束时，德军的前锋部队已经无力攻破苏军的第二道防线，而其侧翼部队还在与第一道防线上的苏军残部缠斗。在德军打开的突破口东西两侧（东侧尤甚），苏军部队不断发起小规模反击，更使德军疲惫不堪。

　　到了晚上，当天行动结束时，"费迪南德"和突击坦克还留在进攻队列前方。对此时的德军而言，经过恶战夺取的每一寸土地都十分宝贵，不可能后退一步。而那些新式武器普遍缺乏自卫能力，只能靠步兵保护，可步兵在苏军的火力威胁下又显得十分脆弱。"城堡行动"开始后的第一个晚上，整个战线形同炼狱，回过神的苏联守军在防线缺口上集中投入了大量坦克和反坦克炮。第 9 集团军的战斗日志对此记载如下：

1943 年 7 月 6 日
　　第二天的进攻，可以说是一场声势浩大的"坦克遭遇战"，各军前方的重点突破地段均出现大量（苏军）坦克，战斗趋于白热化。苏

军迅速将本地预备队，以及大量战略机动预备队投入战场，令我军猝不及防。显然，他们想淹没我军的进攻势头，并在我军突入开阔地前扭转局势。

在我们看来，苏军这一举动虽然暂时阻滞了我军扩大突破口的步伐，但总体形势仍对我军有利。战役初期，我军装甲部队战力正盛，补给线和侧翼都不长。最好能赶在苏军以坦克部队为首的强大预备队投入战斗前，就取得决定性胜利。

上午9时，作战参谋长（1c）收到的情报显示，有一个苏联坦克军至少100辆坦克正在奥科夫瓦特卡（Olchovatka）集结。11时05分，又有了更确切的消息，正在集结的是苏联坦克第16军和坦克第19军，共有150辆坦克，他们已对我军在萨博洛夫卡（Ssaborovka）的突出部阵地发起进攻……

第9集团军在战役第二天的表现也是令人满意的，尽管没能扩大占领区，但在重点地段得以进一步穿插深入，两翼的压力也有所消减……我军士兵，以及以虎式坦克和"费迪南德"自行反坦克炮为代表的新式武器，再次展示了自己的实力……

简言之，这份战斗日志对德军战役第二天表现的评价实在有些浮夸。但从中也能看出，德军多少已经预料到这次战役不会无往不利，他们在库尔斯克采取的进攻战术可谓老调重弹，就是尽量集中装

▶ 第653重型坦克歼击营的一辆"费迪南德"自行反坦克炮，车组成员用植物对车体进行了伪装，动力室散热格栅上似乎覆盖着专用防水布，用于防止雨水渗入动力室

甲部队，在空军支援下实施重点突破。在法国战役和不列颠空战结束后，德国空军已经很久没有像这样大规模投入作战了。在海量飞机的支援下，快速突破苏军防线并不是什么不切实际的目标，实施突破后，就要快速合围并肃清苏军残部。"城堡行动"是一次典型的"德式"进攻行动，容不得半点失误。德军高层很清楚，当下已经没有足够的战略机动预备队，一旦出现问题，就是完全不可能弥补的。

1943 年 7 月 7 日

昨天在突破地段爆发的坦克战直到今天还没有结束。战斗中，苏军人员和装备损失极为惨重，我军损失相对有限。仅第 47 装甲军就消灭了 157 辆苏军坦克……到下午，已无力阻挡我军前锋装甲部队的苏军残部开始撤退，但我军尚不能完全突破苏军的坦克防线。在占领苏军的第三道防线后，我们希望能在接下来几天充分利用有利形势……

1943 年 7 月 8 日

突破地段的大规模坦克战愈演愈烈，今天的战斗结束时，形势已经非常严峻，有可能演变为这场战役中的第一次危机。清晨，第 47 装甲军将之前没有参战的第 4 装甲师投入攻势，最初取得了一些进展……到下午，苏军的抵抗愈发激烈、坚决。航空照片和一份缴获的地图显示，今天的预定目标，也就是奥科夫瓦特卡（Olchovatka）西南的一道位置关键的山脊上，存在坚固的苏军防线，不仅有大量坦克部署在半埋掩体中，还分布有炮兵阵地和反坦克阵地。我军装甲部队向防线发起了一次突击，但没能得手。这道山脊防线阻断了我军的突破前路，我们需要进行周密筹划，在强大炮兵和空军火力的支援下才能对其展开进攻。下午天气状况转差，空军战机无法出动。与此同时，前锋装甲部队前方集中出现了大量苏军坦克，进攻行动只得取消。在接下来的几小时中，由于旅长指挥失误，我军坦克在苏军阵地前停滞不前，使苏军得以集中火力在山脊上向下射击，导致我军大量坦克受损，其中包括一些虎式坦克。此后，在苏军的反攻中，我军装甲部队又被冲散，各级指挥官因此无法有效调动兵力……

集团军总指挥官莫德尔明天需要按实际情况，在如下三个选项中做出选择：

　　a. 按计划继续进攻

　　b. 改换进攻路径

　　c. 临时由攻转守，7 月 10 日继续进攻。

► 第 653 重型坦克歼击营的一辆"费迪南德"自行反坦克炮正驶向前线，旁边树下停着一辆福特"骡子"半履带运输车。维持燃料、润滑油、弹药和维修设备的正常供应，对于保持重型坦克歼击营的战斗力是至关重要的

处于突出部北方的第 9 集团军后继乏力，已经无法进一步突破，其前锋部队两翼都受到威胁。在德军为数不多的预备队完全用尽后，苏军又有新部队顶了上来。据战斗日志记载，德军西侧聚集了 70 辆苏军坦克，而东侧更是聚集了 100 余辆苏军坦克。

集团军总指挥官面临艰难抉择，他要尽快叫停山脊上无谓的进攻行动，将第 4 装甲师的部分单位撤回重整，以保证 7 月 10 日的第二次进攻行动顺利开展……"费迪南德"能助力缓解波涅里（Ponyri）的危殆局势……

1943 年 7 月 9 日
局势进一步恶化，战役进行到第五天时陷于停顿……

莫德尔、蔡茨勒以及中央集团军群主官布施（Busch）都已经意识到，库尔斯克的苏军防御水平高超且战斗意志顽强。这里的实际情况非常特殊，德军先前的战术优势已经被诸多不利因素消磨殆尽。莫德尔要求筋疲力尽的进攻部队再次尝试突破山脊防线，但即使恢复攻势，也很难达到之前的推进速度。

以下还是摘录自战斗日志的内容：

……即使在肃清山脊防线后，我军的推进速度也会异常缓慢。因此，我军无法按期攻克最终目标库尔斯克。这次战斗是一种新形态的"运动消耗战"，消耗了大量的人力、物资和弹药。如果这些资源无法得到及时且充分的补给，就不可能取得最终胜利……集团军群方面赞同我部结论，但同时强调，为将苏军的大批预备队一举消灭，这场战役必须取得胜利……

德军高层误判了形势，最终酿成悲剧。1943 年 7 月 10 日的战斗日志写道：

今天是战役第六天，从昨天开始形势愈发严峻，出现了本次行动发起以来的第一次危机。尽管我军已重新调整和部署进攻部队，炮兵火力全开，并与空军协同作战，但仍然无法在重点突破地段达成战略目标……现在必须承认，我军的进攻行动已陷于停滞……

1943 年 7 月 11 日

……然而，第 23 军（以第 78 突击步兵师为核心）在"费迪南德"的支持下，开展了一场机动灵活的反攻，击败了特罗斯那（Trosna）地区的苏军，展现了我军超越"红色对手"的反应速度和战斗力……

1943 年 7 月 13 日

……第 9 集团军下辖的第 12 装甲师、第 36 步兵师、第 18 装甲师、第 20 装甲师和第 848 重型炮兵营，在 12 小时内陆续调配给第 2 装甲军，导致我部实力严重下降……我们认为，抽调突破口的兵力可能导致进攻受阻，甚至导致"城堡行动"彻底停滞。

◀ 第 653 重型坦克歼击营的"费迪南德"自行反坦克炮采用三色迷彩涂装。与第 654 重型坦克歼击营不同，他们利用漏喷模板喷涂黑色空心战术编号，可视度相对较低

1943 年 7 月 10 日，盟军在意大利西西里发起代号"哈士奇"（Husky）的登陆行动，驻意大利德军的实力亟待加强。于是，德国陆军最高统帅部不得不从东线抽调部队送往意大利，库尔斯克攻势因此半途而废。德军的反复拖延导致库尔斯克战役的发起时间距盟军登陆时间过近。对德军而言，库尔斯克的失利即使算不上完败，也足以称得上巨大的挫折。尽管德军的总体损失并不严重，但苏军抓住时机发动反攻，使整个东线的德军都如强弩之末，缓慢向后收缩战线是他们的必然选择。

"费迪南德"自行反坦克炮与突击坦克的初战评估

让我们将目光转回到库尔斯克战役期间的那些德军"特种武器"上。尽管装备这些武器的部队留下的战斗报告并不多，但他们反馈的使用情况非常值得关注。1943 年 7 月 17 日，装甲兵总监古德里安向陆军总参谋部的蔡茨勒总参谋长递交了一份备忘录，列举了这些武器在库尔斯克战役期间暴露的问题。

第 656 重型坦克歼击团的战斗经验与教训总结（"费迪南德"与突击坦克）

I. 作战
配属第 9 集团军的第 656 重型坦克歼击团在进攻行动中与第 86

步兵师协同作战，配属该团的 2 个无线电遥控装甲连的任务是在雷场中打开通路。我军的步兵攻势被（苏军）异常猛烈的炮击瓦解（苏军在战役第一天投入 100 门重型野战炮、172 门轻型野战炮，以及 386 门火箭炮和不计其数的迫击炮），"费迪南德"和突击坦克无法在步兵难以跟进的情况下，独立突破苏军防线，插入纵深。因此，这些战车只能停在雷场中，招来了苏军炮火的集中打击。苏军炮兵总能及时重组并补充兵力，而这些战车缺少辅助武器的问题严重影响了进攻行动，损失也相对惨重。

总体损失：
19 辆"费迪南德"
多数战损都是弹片击中发动机进气格栅所致，有 4 辆因电路短路而烧损，并非苏军炮火所致。
10 辆突击坦克
多数都是被地雷炸伤或被火炮击伤后由车组自行摧毁。

触雷后受损的在修车辆
"费迪南德" 40 辆，其中 20 辆于 7 月 11 日修复完毕。
突击坦克 17 辆，其中 9 辆于 7 月 11 日修复完毕。

进攻开始时，只有少数伴随 2 个无线电遥控装甲连行动的战车，因触雷导致履带、负重轮或悬架受损。

◀ Sd.Kfz.7 半履带车正牵引着 88 毫米口径 FlaK 36 高射炮，从修理"费迪南德"自行反坦克炮的技术人员身旁经过

无线电遥控装甲连无法在密集炮兵弹幕的威胁下开展行动，一部分引导车和遥控爆破车在集结区就被击伤，不得不退出战斗。2个连各自清出一条通路，但苏军炮火过于猛烈，无法在通路上安放标记。因此，"费迪南德"的车组是没办法在雷场中找到通路的。

我们需要投入更多遥控车辆，同时还需要投产扫雷滚。

尽管损失较大，但"费迪南德"和突击坦克通常都能攻克预定目标。突击坦克营能一路领先步兵单位5公里，接连突破三道防线。然而，碍于装甲兵预备队和步兵单位无法及时跟进，刚打开的缺口往往又不得不放弃。

上述情况表明，（重型坦克歼击团）在与普通步兵单位协同作战时，无法在密集弹幕威胁下有效突破敌方纵深交错的防线。

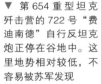

▼ 第654重型坦克歼击营的722号"费迪南德"自行反坦克炮正停在谷地中。这里地势相对较低，不容易被苏军发现

如果装甲师或装甲掷弹兵师（装备有装甲运兵车的部队）能紧随重型坦克歼击团突入纵深，形成多波次攻势，进攻就会无往不利，且损失更少。

古德里安认为，德军的总体损失还算不上灾难性的，但这些新武器采取的战术实在蹩脚，他对此进行了措辞严厉的批评。突击坦克和"费迪南德"都突破了前两道防线，还突入了第三道防线（最后一道防线），由此可以看出，这些武器的性能是符合要求的。那么，这能证明"费迪南德"和突击坦克的设计是完美无瑕的，或者至少在一定程度上是成功的吗？让我们继续阅读这份备忘录的技术部分。

第 656 重型坦克歼击团的经验与教训详述

1.）武器

主炮威力极大，未装机枪是一项错误决定。为弥补近程防御火力缺陷，又调来 12 辆三号坦克与"费迪南德"协同行动，以消灭近距离的软目标（步兵）。

2.）装甲

据部队上报，苏军武器未能击穿（"费迪南德"的）车体正面装甲，但有多起车体侧面装甲被 7.62 厘米炮近距离击穿的案例。敌军炮兵所发射的炮弹偶尔会击穿该车的战斗室顶甲或动力室盖板。

需求：用 15~20 毫米厚的装甲板制成护罩盖住发动机进气 / 散热格栅，车体两侧的开口需加装防爆网。护罩既能防雨，也能防止电气系统短路失效。

▲ 为便于战时从后方准确判断战车所属连队，第 653 重型坦克歼击营采用了一套复杂的几何图案来区分各连车辆。背景中有一台折叠状态的弗莱斯 16 吨级龙门吊，此时，它可以在其他车辆的牵引下转移到其他位置

▶ 乌克兰大草原上的第654重型坦克歼击营534号"费迪南德"自行反坦克炮，为改善通风条件，车组打开了动力室盖板上的小型检修舱盖，库尔斯克战役前夕，德军在所有"费迪南德"的炮座前都加装了跳弹板

3.）无线电通信系统

电气电路会对无线电台形成严重干扰，这一问题已困扰（部队）许久。

4.）突击坦克

这型武器展现出很高的战斗力，但未装机枪不利于作战，在攻击单个软目标时，要么用15厘米炮射击，要么置之不理。

5.）侧裙板

装备三号坦克、四号坦克及突击炮的部队，在行动开始前对加装侧裙板持抗拒态度，他们认为侧裙板装配强度不足，容易掉落。但他们随后在战斗中意识到，需增强针对反坦克枪的防御措施，因此又接受了侧裙板。与此同时，针对侧裙板的装配方式进行了紧急改进。

像虎式坦克一样，"费迪南德"也拥有出众的反坦克能力，它搭载的88毫米口径PaK 43/2反坦克炮设计优异，这一点已经在"大黄蜂"自行反坦克炮（*Panzerjäger Hornisse*，Sd.Kfz.164）上得到了充分验证。这型炮能在超过2000米的距离上击毁KV一类的苏军重型坦克。据老兵们回忆，一般只需2~3发炮弹就能彻底摧毁敌方坦克。

近程防御武器缺失显然是个大问题，"费迪南德"和突击坦克都只有几个轻武器射击孔，无法阻止敌方步兵接近。某些车加装了一个可以将机枪固定在打开的炮闩位置，从炮口向外射击的装置。这一装置由炮手操作，要借助 Sfl ZF 1a 炮瞄镜瞄准，用起来很麻烦。

"费迪南德"的装甲防护水平总体上说是非常优异的，即使是大口径火炮也难以击穿它 200 毫米厚的车体正面装甲。然而，一些不显眼的设计缺陷反而成了致命因素。苏军广泛使用的"莫洛托夫鸡尾酒"（在瓶中灌入可燃液体制成的简易燃烧弹）很容易让复杂的发动机散热系统报销，或损坏动力室中的其他设备。如果发动机起火，就可能引燃动力室两侧的燃油箱，进而引发爆炸，有好几辆"费迪南德"就是这样报废的。

"费迪南德"的操纵反应很灵敏，毫不笨拙。纵横交错的苏军战壕体系中布满了反坦克壕。"费迪南德"的越壕宽度有 2.6 米，爬坡能力也很强，因此反坦克壕一类的障碍物对它而言算不上大问题。然而，驾驶员的视野相对较差，在遍布弹坑的区域行驶时很容易出问题，而且无法在陡峭的侧倾坡上行驶。根据《第 653 重型坦克歼击营营史》（*Operational History of sPzAbt 653*，Münch）记载，乌克兰夏季降雨频繁，黑土地很快就会变成泥沼，沉重的"费迪南德"很容易陷入泥中，车底触泥后更是"难以自拔"。所幸德军回收单位总能超常发挥，成功拖救了大多数淤陷的"费迪南德"，而那些实在无法施救的，就只能做爆破处理了。如果"费迪南德"与跟随作战的坦克和步兵脱节，同时丧失机动能力，就很容易被敌方炮兵或反坦克小组击毁。

"费迪南德"还有一个明显的缺陷，就是无法进行原地转向。如果驾驶员执意在它深陷泥沼时调转车头，就很可能导致一侧履带滑脱或断裂，甚至可能导致末级减速器或电动机受损。

突击坦克

配装 150 毫米口径炮的突击坦克与"费迪南德"自行反坦克炮一样，都是用于突破防线的进攻武器。"费迪南德"擅长对付各类装甲车辆和软目标，而突击坦克的 StuH 43 榴弹炮则是为摧毁工事而生的，即使是最坚固的野战工事也不在话下。它一般采取直瞄射击方式，炮弹威力巨大。作为机动平台，它能赶赴任何有需要的地方，提供与重型步兵炮相当的火力。

突击坦克的防护性能也是重中之重，它的车体正面装甲和战斗室侧面装甲都能抵御苏军 76.2 毫米口径反坦克炮的直射，但车体侧面装甲相对薄弱。

▶ 第 656 重型坦克歼击团的一辆"费迪南德"自行反坦克炮和一辆三号坦克引导车正在进行战前准备。它们此时由第 12 装甲师指挥，三号坦克能为"费迪南德"和突击坦克提供近程火力支援。图中左侧是第 313 无线电遥控装甲连的一辆三号坦克 N 型引导车，配装 75 毫米口径 L/24 炮

突击坦克的机动性与"费迪南德"半斤八两。它的战斗全重过大，对地压强过高，在泥地或雪地上行驶时很容易淤陷。那些以旧车体改造而成的突击坦克暴露出更严重的机械问题，动力系统故障频繁。

遥控爆破车

第 301 无线电遥控装甲营在库尔斯克战役中也扮演了至关重要的角色。他们的任务是在大片雷场中开辟通路，那么，他们的实际表现到底如何？

第 301 无线电遥控装甲营营长赖内尔少校（Reinel）在 1943 年 7 月 23 日的战斗报告中总结了库尔斯克战役期间的经验教训。

本报告作备忘录之用，并对 1943 年 7 月 3—8 日的"城堡行动"进行总结：

3 个独立运作的无线电遥控装甲连在第 9 集团军进攻区内参加了奥廖尔以南的进攻行动。其中，2 个连配属第 656 重型坦克歼击团，1 个连配属第 505 重型装甲营。各连均建制完整，在各连长、排长与所属部队指挥官协同指挥下作战。各连战术任务完全相同：积极开展火力侦察，发现雷场，并在雷场中开辟通路，摧毁半埋式反坦克炮位、超重型坦克等难以对付的目标。

以下内容为部队开始行动后的调研结果：

1）第 314 无线电遥控装甲连和第 656 重型坦克歼击团 I 营的协同作战

苏军主防线前布置有密集雷场，同时还会被密集炮火覆盖。该连按进攻命令在雷场中开辟了 3 条通路，由于雷场纵深过大，12 辆 B Ⅳ 在行动中损毁。引导车经通路驶过，未发生触雷情况。苏军炮火异常猛烈，工兵无法按指示在通路上跟进安放标识，进攻因此停滞。在后方缓慢跟进的重型自行反坦克炮（"费迪南德"）也被炮火压制，无法辨识雷场中的通路，B Ⅳ 在坚实地面上的履带压痕并不明显（因此无法按其车辙跟进）。尽管已在雷场中开辟通路，但仍有若干辆"费迪南德"触雷受损。

接下来的进攻中，有 7 辆 B Ⅳ 损毁。其中一辆落入苏军步兵据守的壕沟中，苏军步兵用手榴弹和近战反坦克武器对其发起攻击，在引爆车上的炸药后悉数被炸身亡。

2 辆 B Ⅳ 在引导下进入有大量苏军步兵盘踞的小树林，随后实施爆破，彻底清除了林中威胁。

进攻中，4 辆 B Ⅳ 被火炮击中损毁，其中一辆装有延时引信，发生殉爆，另外 3 辆缓慢烧毁。

▲ 奥廖尔 – 库尔斯克铁路线对苏德双方而言都具有非凡的战略意义，为保住这条铁路线，德军与苏军展开了拉锯战

2）第 313 无线电遥控装甲连和第 656 重型坦克歼击团 II 营的协同作战

作战条件与前文相同，在接近苏军主防线的过程中，一个梯队误入未经标记的我军雷场，导致 4 辆 B IV 损毁。清除苏军雷场的任务只能由另一梯队承担，他们在扫雷过程中又损失了 4 辆 B IV。一辆 B IV 在集结区内被苏军炮火击中后殉爆，导致另外 2 辆 B IV 起火爆炸。这些 B IV 的驾驶员和协同作战的工兵均在爆炸中丧生，爆炸的具体原因难以判定。可能是引信当时已装入爆破装置内，在车辆起火时受热引爆了炸药。

之后又有一辆 B IV 在引导下驶过雷场时被炮弹击中殉爆。

接下来的进攻中，3 辆 B IV 分别摧毁了一些工事化的反坦克炮位和一处碉堡，达成战术目标，鼓舞了我方士气。

3）第 312 无线电遥控装甲连和第 505 重型装甲营的协同作战

按战术要求，遥控爆破车部署于虎式坦克前方开展火力侦察，取得了理想成果，列举如下：

1 辆 B Ⅳ 用于对付 800 米外的一处部署有 2~3 门反坦克炮的半埋阵地，引爆后，反坦克炮悉数被毁，附近的步兵也被殃及。

1 辆 B Ⅳ 用于对付 400 米外的 T-34 坦克，与目标发生碰撞，引爆后将目标彻底摧毁。

2 辆 B Ⅳ 在引导下驶向 400~600 米距离上的 3 处火炮工事，引爆后，工事悉数被毁，其中一辆 B Ⅳ 被击中起火后，仍成功接触目标并引爆。

2 辆 B Ⅳ 用于对付 800 米外的 1 处反坦克炮阵地和 1 处步兵炮阵地，成功摧毁目标。

1 辆 B Ⅳ 在接近苏军阵地时被"莫洛托夫鸡尾酒"引燃，爆炸后将阵地彻底摧毁。

4 辆 B Ⅳ 在引导行驶中丧失机动能力，救回 2 辆，另 2 辆烧毁，在两天的战斗中共损失 20 辆 B Ⅳ。

战术角度的作战效果评估

1）无线电遥控装甲连掌握着威力超群的进攻武器，但（3 个连中）有 2 个配属重型坦克歼击营，只有 1 个配属专业进攻兵种，即虎

◀ 两辆"费迪南德"自行反坦克炮和两辆突击坦克正在开阔的草原地带行进，德军炮弹落下的地方腾起了黑烟

式坦克营。在配属重型坦克歼击营的情况下，机动性较差的"费迪南德"拖累了无线电遥控装甲连的进攻节奏。后者（在防线上）打开缺口后，"费迪南德"只能缓慢跟进，难以有效利用缺口扩大战果。而引导车在前进中还要时不时地等一下"费迪南德"，这导致它们暴露在苏军的火力威胁之下，损失较多。

虎式坦克营是受过严格训练的专业装甲部队，与他们协同作战时推进过程会顺利得多。虎式在技术和战术上都更适合担负进攻任务，能有效占领阵地。结果表明，训练有素的装甲部队能保障无线电遥控武器圆满完成任务。

2）第 313 和第 314 连协同第 656 重型坦克歼击团沿奥廖尔－库尔斯克铁路线进攻，苏军沿线布置了纵横交错的防线，还埋设了大量地雷，他们的密集炮火也极大增加了进攻难度。此处，我军总兵力少于苏军，这对无线电遥控装甲连影响很大。两个连在相当宽阔的正面战场上分别支援一个重型坦克歼击营作战，两营战力消耗过快，前线的损失得不到补充，也没有能在苏军主防线纵深穿插的预备力量。无线电遥控装甲连的指挥官们没有机动预备队，即使发现敌方弱点也无法突破。能否与"费迪南德"有效协同极大影响着总体战局。"费迪南德"在理论上无懈可击，但实战中，苏军的猛烈炮火会将它们与协同单位分割开来。无线电遥控装甲连的指挥官们表现活跃，取得了一定进展，但双方（指与重型坦克歼击营）的沟通协调被打断后一直没能恢复。无线电遥控装甲部队的指挥官与重型坦克歼击营的指挥官间沟通困难，前者必须派驻军衔更高的军官以确保沟通顺畅。

12 辆引导车中有 8 辆投入前线作战，产生战损后，预留的 4 辆也顶了上来。由于缺乏预备队，进攻成果被白白浪费，行动被苏军防线所阻滞。

调查显示，所有参与进攻的军官都认为，只有在第 301 无线电遥控装甲营集中投入作战的情况下，他们才可能完成重点突破任务。

行动期间，全营部署如下：第 2 连置于前线，第 3 连置于前线部队正后方，作机动预备队。各连都投入了 2/3 兵力：4 辆引导车一字排开，车间距保持在 2~3 公里。前线的引导车战损后，后方预备队的引导车会很快顶上。用这种方法能在雷场中清出 4~6 条长宽都满足

需求的通路［在古拉苏诺夫卡（Glasunovka）作战时，只能在宽 6 公里的雷场中清出 4 条通路］。

　　一旦在苏军防线上确定突破点，预备队连就会接替有战损的前锋连，经雷场中已经开辟的通路向纵深挺进。后撤的前锋连会收拢仍具战斗力的人员和装备，转作预备队。

　　有赖于指挥和后勤单位（例如营部连、维修分队）装备充足，命令都能得到有效贯彻。通信紧密，物资调配及时，受损的引导车和遥控爆破车都能迅速修复，这使部队能以最短的时间恢复战斗力，并投入新战斗。在隶属营级单位作战时，由于装备特殊，无线电遥控装甲连无法靠所属单位的后勤力量满足保障需求。所有曾配属其他部队的无线电遥控装甲连的连长都会抱怨，尽管后勤至关重要，但上级单位的指挥官大多不重视他们的后勤问题，他们都更愿意在自己营部的指挥下投入战斗。

　　让无线电遥控装甲营整建制投入作战会取得更好的战果，但必须满足以下前提条件：

▲ 图中这辆第 653 重型坦克歼击营的"费迪南德"自行反坦克炮被苏军火炮多次击中，炮座前的跳弹板已经被打落，但似乎厚达 200 毫米的上层结构前装甲并没有被击穿

▶ 苏军步兵正在检查第654重型坦克歼击营的两辆"费迪南德"自行反坦克炮残骸，它们此前多次被苏军火炮击中，挡泥板和随车工具都被打飞了

3）进攻古拉苏诺夫卡时，由于上级单位（第656重型坦克歼击团）对我部了解不足，协同不畅，未能大获全胜。尽管事前已根据地图进行详细推演和研讨，但仍未实现有效协同。当然，在对方猛烈炮火下开展协同本就非常困难，因此我们要求：

无线电遥控单位（营级规模）的战斗力须达到一定程度，即能独立在战斗初期夺取并扼守阵地，直至后续单位接手。因此，无线电遥控单位须装备机动性更好的重型坦克（虎式）。装备重型坦克后，无线电遥控单位也可作为装甲单位投入战斗。与装甲部队使用同型车辆，可避免敌方轻易识别引导车（在古拉苏诺夫卡战斗时，作引导车的突击炮就很快被敌方识别并锁定，遭到了攻击）。此外，突击炮没有旋转炮塔，内部空间有限（装填手兼任无线电操作员），车长指挥塔视野不佳，无法同时执行战斗和引导任务……

……无线电引导任务风险大，信号发射装置保密要求高且造价高昂，需要用最好的坦克携载，以有效保护……

有关战斗的技术分析：

总体而言，无线电遥控武器的表现是符合预期的，但也暴露出一些问题：

1）遥控装置

遥控装置的有效作用距离至少要达到2000米，这对保证作战效能非常关键。然而，由黑尔公司（Hell）设计的这款产品目前无法满

足要求，有效作用距离不稳定，通常只有 800~1000 米。超过 1000 米时，遥控爆破车就会失控，进而导致战损。

第 301 无线电遥控装甲营正在对布劳恩公司（Braun）生产的接收机进行测试，它能满足使用要求。

现有接收机常因铁路运输中固定不牢而受损……维修分队可进行补救，但会浪费很长时间。

装于梯队（1 辆引导车，4 辆 B Ⅳ）引导车上的发射机必须改为可互相切换的模式。只有这样，才能在梯队引导车无法作战时，由其他车辆接替控制 B Ⅳ 开展作业。

2）工兵装备

遥控爆破车携带的爆破装置被击中后通常会起火。在未装引信的情况下，整车会缓慢烧毁，而在已装引信的情况下，会发生剧烈爆炸。因此，不宜过早安装引信，应当等到遥控引导作业开始前再安装。安装引信时，驾驶员须向前探身，趴在车身前部作业。他此时处境危险，可能遭敌方射杀，这会加大他的精神压力，导致忙中出错。因此，我们要求开发一种能在车内通过一次操作就将所有引信安装到位的机构。

约有 25% 的遥控爆破车触雷时并未爆炸，具体原因尚不明确，因为这些车后来也全部战损。

在雷场中标记通路的功能很容易实现，既可以在炸药中掺入颜料，也可以由遥控爆破车沿途释放彩色胶带。

3）损失

投入战斗的 B Ⅳ 中，有 20% 因被敌方直接击中而损毁，新设计的遥控爆破车必须具备更快的行驶速度和更强的越野能力，以减少战损。正在开发的车型［B Ⅳ C 和"施普林格"（Springer）］除机动性要提升外，防护水平也要提升，以抵御敌方的穿甲弹。

4）无线电频率

如果要将全营投入重点突破战中，那么，将无线电遥控装置的

▲ 第 654 重型坦克歼击营 624 号"费迪南德"自行反坦克炮的车组在弃车时并没有进行爆破处理,战车回收小组经常要冒着枪林弹雨,将尚有修复价值的战损车辆拖回后方修理,624 号车采用了第 654 营常用的网状迷彩涂装

▲ 上页图:第 654 重型坦克歼击营的 723 号和 702 号"费迪南德"自行反坦克炮被遗弃在战场上,它们可能是在触雷后又遭到了苏军反坦克小组或重型火炮的攻击

频率由目前的 4 个扩充到至少 6 个会更为理想,这会提升战术指挥的灵活性。

总结:

1943 年 7 月,3 个独立无线电遥控装甲连投入战斗,这是一次严格的作战试验。随着战局的发展,我军转攻为守,尽管战斗时间只有几天,但战果达到了预期。将战役期间未能达成决定性突破的责任完全归咎于无线电遥控武器是有失偏颇的。相对苏联守军,我军进攻力量过于薄弱,各种武器协同不力,且未能在实施爆破后及时跟进。

基于部队的战时经验,我部建议继续开展作战试验,摸索作战原则:

将第 301 无线电遥控装甲营的引导车全部更换为虎式坦克,规模增加到 1 个满编营,并在作战时配属给规模更大的装甲部队。

赖内尔(签名)

早在法国战役期间,无线电遥控单位就已经出现在战场上,但不幸的是,目前能找到的相关作战记录非常有限。赖内尔少校的报告虽然细节丰富,但难说客观。他忽视了遥控爆破车的技术缺陷,以及作战地形复杂、遥控距离较长等因素,而在诸多不利条件下,出现种种问题是不难预料的。

◀ 德军严格要求
"费迪南德"自行反
坦克炮的车组在弃车
时要进行爆破处理，
以免战车落入苏军之
手。这辆"费迪南
德"的车组显然遵守
了规定，而且破坏得
很彻底

　　赖内尔对 2 个重型坦克歼击营指挥官协同不力的指责似乎有一定道理。不过，在战斗白热化后，形势瞬息万变，让两种形制和用途都大相径庭的武器实现高效协同实在是有些强人所难。

　　赖内尔还认为，军方作战手册中有关无线电遥控部队的作战原则并不合理，应当以整营建制集中投入战斗，而不是拆分成独立连。照此设想，在执行大规模进攻任务时，分批投入战斗的遥控爆破车将达到 100 余辆。

　　换个角度看，赖内尔至少能清醒地认识到遥控爆破车是一种进攻武器，在转攻为守后，它是派不上什么用场的，只能撤回后方。大战后期，德军多数时间都处于守势，显然影响了这类武器进一步发挥作用。

历经淬炼的新武器：库尔斯克战后评估

　　德军的库尔斯克攻势受到一系列错误决定的影响，而进攻日期一再推迟的原因也绝不止一个，其中肯定包括希特勒和陆军最高统帅部对新武器寄予了过高期望。很多高级军官都要求尽早开始行动，他们认为用实力强大的进攻力量发动突袭会将对手一举击垮，且对手根本来不及投入预备队加强实力。

　　如果不考虑白白浪费时间的问题，仅就将大批新武器匆匆投入战场而言，也是要承担很大风险的。"费迪南德"自行反坦克炮面临的问题与"黑豹"坦克如出一辙，它们所采取的技术在当时都是不够完善的。

从库尔斯克到尼科波尔 **4**

库尔斯克攻势结束后的紧张局势

德军在库尔斯克的失利要归咎于多重因素。现在看来，他们再次低估了苏军的防御强度和预备队实力。1943 年 7 月 12 日，苏联守军开始反攻奥廖尔和布良斯克，威胁到德军战线北翼。希特勒决定让莫德尔大将同时指挥第 9 集团军和第 2 装甲集团军。对此，7 月 13 日的第 9 集团军战斗日志记载如下：

莫德尔大将接过第 9 集团军和第 2 装甲集团军的指挥权，这两个集团军的指挥部驻地不变。目前的命令是针对苏军突击奥廖尔突出部的行动组织防御，没有对夺回现有主防线做出明确指示……为挽救局势，莫德尔要求第 9 集团军各单位和集团军直属单位从当前阵地后撤……后撤行动必然造成损失，而且第 2 装甲集团军必然面临更大风险……遗憾的是，由于部队需要整编，重启"城堡行动"的希望日渐渺茫。不过，我军发动攻势的主要目标已经达成，战役大量消耗了苏军的人员和物资。

第 9 集团军的观点只是一厢情愿。尽管大量德军部队和坦克仍然聚集在库尔斯克突出部，"费迪南德"自行反坦克炮、突击坦克和无线电遥控部队也还在第 9 集团军的防区内，但"城堡行动"已经不可能重启了。莫德尔被迫下令对既有炮兵防御阵地情况进行摸底，同时还要寻找预备阵地。在接下来的几个月里，第 2 装甲集团军会被调离东线，重新部署到巴尔干。

盟军在意大利南部的登陆行动导致德军的处境进一步恶化，他们不得不将一部分东线部队调往意大利，这使库尔斯克的形势也急转直下，自此，德军在东线战场上就只能且战且退了。

◀ 多数战损车辆都需要在战场上抢修，图中这辆"费迪南德"自行反坦克炮的第一组悬架组件受损，丧失了机动能力，可能是触雷或被重型火炮击中所致。在没有吊车辅助的情况下，更换悬架组件非常困难，车组成员机智地在负重轮下挖了个坑，以便拆卸负重轮

▲ 疲惫的装甲兵们正坐在自己破败的战车上。图中这辆"费迪南德"自行反坦克炮的翼子板严重受损，击中战斗室前装甲的小口径炮弹打飞了一段导雨槽，留下一个弹坑

第 656 重型坦克歼击团在库尔斯克战役中的损失情况

　　1943 年 7 月 7 日，即"城堡行动"发起两天后，第 9 集团军总指挥部作战处向中央集团军群上报了损失情况：

全损车辆：
11 辆四号坦克（长身管型）
2 辆"费迪南德"自行反坦克炮
3 辆突击坦克
2 辆虎式坦克

被敌击伤，暂时丧失战斗力的车辆：
20 辆四号坦克（长身管型）
5 辆四号坦克（短身管型）
2 辆三号坦克
4 辆突击坦克
16 辆虎式坦克

出现技术故障，暂时无法作战的车辆：
29 辆四号坦克（长身管型）

5 辆四号坦克（短身管型）

15 辆三号坦克

49 辆"费迪南德"自行反坦克炮

12 辆突击坦克

5 辆虎式坦克

车辆的整体损失规模很大，但全损的车辆并不多。报告中没有列出苏军的损失情况，可以想见的是，他们的损失规模相比德军一定会翻上几番。

这份报告中最值得关注的内容是大量"费迪南德"和突击坦克因技术故障退出了战斗。以"费迪南德"为例，它的发动机问题层出不穷，导致战斗出勤率很快就跌到了 50% 多一点的水平。尽管多数故障车都能在短期内修复，但战斗出勤率仍然保持在较低的水平上。

7 月 8 日，又有 2 辆"费迪南德"除籍，所有 4 辆除籍的"费迪南德"都是被大口径炮击中后起火烧毁的，当天还有另一份电报发到作战处，汇报了如下情况：

1）"费迪南德"在战役第二天的行动取得了成功，战损主要是敌方火炮直接击中所致（4 辆"费迪南德"和 2 辆突击坦克全损）。

战役第二天的车辆概况：

▲ 苏联游击队在正规军的支持和指挥下不断开展袭扰活动，使东线德军焦头烂额。他们不得不派出很多营级部队去围剿游击队。图中这段铁轨被游击队安放的爆炸装置炸毁，导致行驶至此的火车有多节车厢倾覆。第 216 突击坦克营的一辆突击坦克从平板车上滚落，翻了个底朝天。尽管战车很快就能修复，但如果事发时有人正坐在车里，那他肯定摔得不轻

损失：

"费迪南德"：7 辆全损，46 辆在修。

突击坦克：5 辆全损，15 辆在修。

可投入战斗的车辆：

36 辆"费迪南德"

25 辆突击坦克

2）第 656 重型坦克歼击团Ⅱ营营长诺克上尉（Noak）在战斗中身负重伤，目前急需接替者，限定在装甲兵军官中遴选。

3）要求为"费迪南德"空运补充 70 具新 12 伏 /105 安培蓄电池。

"城堡行动"结束后，古德里安对第 656 团的战斗损失进行了统计：19 辆"费迪南德"和 10 辆突击坦克除籍；40 辆"费迪南德"和 17 辆突击坦克丧失机动能力，其中，20 辆"费迪南德"和 9 辆突击

▼ 第 656 重型坦克歼击团所辖的 3 个营都编有防空分队，按战斗力统计表要求，每个防空分队都应当装备 3 辆 Sd.Kfz.7/1 半履带自行高射炮（搭载四联装 20 毫米口径高射炮），这型战车的越野能力和火力都很强，但装甲防护水平较低

坦克可在 7 月 11 日前修复。

　　在德国官方档案中，有关"费迪南德"在库尔斯克战役期间的作战统计数据并不可靠，与战绩有关的数据要么是长期统计结果，要么是老兵回忆信息的汇总，而且不同档案记载的数据也存在出入。

　　从 1941 年 7 月开始，抵抗轴心国入侵的苏军就一直处于守势，在邪恶意识形态操控下的侵略大军随时可能将他们一举吞噬。苏联政府为尽快加强国防实力，紧急扩大了军工产能，新建了许多工厂。尽管军工产能不断扩大，但苏军武器装备的技术水平直到 1943 年才有所提升，而此时虎式坦克和"黑豹"坦克已经现身战场，这迫使他们不得不再接再厉，去开发威力更大的坦克和反坦克炮。在库尔斯克战场上，苏军投入了很多新式大威力武器。但无论从火力还是防护水平上看，德军的新式战车都要更胜一筹。

　　第 9 集团军在库尔斯克战役期间开展的进攻行动，无论如何都算不上"坦克大决战"，其规模甚至难以与同期南线的战斗相提并论。南线德军展现出明显更高的技战术水平（但也没能达成突破目标），而第 9 集团军的装甲力量只能在苏军的坚固阵地中苦苦挣扎。

　　笔者至今还没有发现任何明确记载了"费迪南德"战绩的档案资料，卡尔海因茨·蒙克（Karlheinz Münch）的书中有如下与战绩相关的内容：

　　击毁苏军坦克 320 辆，以及大量火炮和卡车，13 辆"费迪南德"全损。

　　在古德里安的相关统计数据中，截至 7 月 11 日，"费迪南德"的全损数量是 19 辆，以此为基础计算的话，库尔斯克战役期间"费迪南德"的交换比约为 1∶16.8。

　　如果将这一交换比与 1943 年 7 月炮兵序列的突击炮交换比（不含武装党卫军装备的突击炮）进行比较的话，就还能得出一些耐人寻味的结论：7 月，突击炮部队共击毁 1880 辆敌坦克，而己方全损（除籍）数量却低得令人难以置信，只有 101 辆，交换比为 1∶18.6。7 月 5—14 日，中央集团军群上报的数据是 299 辆突击炮中有 17 辆除籍，南方集团军群上报的数据是 202 辆突击炮中有 19 辆除籍。三号突击炮在设计和技术上并不比 1943 年时的 T-34 或 KV 坦克先进多少。在笔者看来，整个 7 月里，德军突击炮相对苏军坦克的压倒性交换比，正体现出良好作战计划的重要性，以及德军任务导向型战术方针（Auftragstaktik）的优越性。在此有必要说明，以上数据均摘录自炮兵总监的报告，可能有失偏颇。此外，参加库尔斯克战役的德军突击炮有 300 多辆，三倍于第 653 和第 654 重型坦克歼击营装备的"费迪南德"。

两个重型坦克歼击营（第 653 和第 654 营）7 月的损失量非常高，截至月末，有接近半数的车辆（39 辆）除籍。

1943 年 8 月 1 日，第 653 重型坦克歼击营上报的车辆情况如下：

第 653 营	"费迪南德"	Sd.Kfz.251/8	三号坦克	牵引车
额定数量	45	—	5	28
可作战数量	12	—	4	25
在修数量	17	—	1	3
损失数量	16			

营长斯泰因瓦赫斯少校（Steinwachs）附言如下：

我营除轮式车辆外，仍可行动的车辆已经不多。"费迪南德"函待大修。

第 654 重型坦克歼击营上报的车辆情况如下：

第 654 营	"费迪南德"	Sd.Kfz.251/8	三号坦克	牵引车
额定数量	45	1	7	34
可作战数量	13	1	4	22
在修数量	6	—	2	6
损失数量	26	—	1	6

营长亨宁上尉（Henning）附言如下：

由于行动前的训练时间过短，官兵训练水平不高，对武器了解不足，而缺额很久后才得到补充。

维修连的各类维修任务繁重，他们已经在实践中完全熟悉了"费迪南德"……

仅剩的 19 辆"费迪南德"和 6 辆三号坦克都需要进行彻底翻修，维修连修复的战车有时会因其他问题再次瘫痪……我部官兵对武器非常信任，士气高涨。

第 216 突击坦克营的突击坦克满编量为 45 辆，开战前不久，又从维也纳调来了 10 辆。由于不同档案的数据存在出入，目前已经无法准确统计该营的除籍战车数量。7 月 14 日的一份文件记载了有 10 辆突击坦克除籍，另一份文件记载在 7 月 5—12 日有 26 辆突击坦克

除籍（很可能是记载错误），还有一份 7 月 12 日的文件，记载了有 16 辆突击坦克除籍。

第 216 营营长卡尔上尉（Kahl）于 1943 年 8 月 1 日上报的车辆情况如下：

第 216 营	突击坦克	Sd.Kfz.251/8	牵引车
额定数量	45+10	无数据	12
可作战数量	18	—	10
在修数量	20	—	2
损失数量	17	—	1

卡尔上报的统计数据可能最接近事实，但他没有在报告中说明四号弹药运输车的情况。

无线电遥控装甲单位

库尔斯克战役初期，第 312、第 313 和第 314 无线电遥控装甲连分别配属第 653、第 654 重型坦克歼击营和第 505 重型装甲营，

▲ 每个重型坦克歼击营都装备一台大型龙门吊，如果没有这种起重设备，就无法执行复杂的修理任务。在开展简单维护作业时，只需要移开动力室盖板，而更换发动机时，要吊起并向后移动战斗室，更换电动机时，要吊起并向前移动战斗室

▲ "费迪南德"自行反坦克炮的结构设计不合理，其动力室空间局促，部分冷却系统组件位于发动机上部，维护便利性差，散热效果也不好。图中的 Sd.Kfz.9/1 起重机正在吊起动力室盖板

有关他们战绩和损失情况的资料非常少，但来自第 312 无线电遥控装甲连士兵日记的数据，与第 9 集团军作战处损失情况报告中的数据基本相符。

士兵日记摘录如下：

在波多尔杨（Podoljan）、韦尔奇 - 坦基诺（Werch-Tagino）及古拉苏诺夫卡……苏军都遭到了我军武器的痛击，我连共摧毁 56 辆坦克（T-34 和 KV）、28 门反坦克炮及其他火炮、3 辆卡车、5 辆火炮牵引车、6 门"斯大林管风琴"（译者注：指"喀秋莎"火箭炮）、30 处野战工事。俘虏 60 人，毙敌约 1000 人。感谢上帝，我们只有以下 3 名战友阵亡：

赫尔穆特·艾伦贝克技术军士（Helmut Ellenbeck）
阿尔文·克劳克代理下士（Alwin Klauck）
卡尔海因茨·雷斯扎克代理下士（Karlheinz Leszak）……

无线电遥控装甲单位的本职工作是对付野战工事。值得注意的是，尽管遥控爆破车也能对付坦克，但这样做肯定是不划算的。库尔

斯克战役期间，第 312 连的人员损失量低得惊人，这表明使用无线电遥控武器能有效减少人员伤亡，换言之，这些武器达成了设计目标。

"城堡行动"结束后，库尔斯克的德军转攻为守，不再需要无线电遥控装甲连这样的专业进攻单位。于是，他们撤回后方担当预备队，直到 8 月，在布良斯克乘火车回到了德国本土的训练场。1943 年 10 月 1 日，德军总参谋部决定如下：

1）总参谋部要求将每月需要组建的无线电遥控装甲连数量减少到 1 个，原决议作废。

2）目前暂不对第 312、第 313、第 314 无线电遥控装甲连进行整备。

奥廖尔突出部防御战

盟军在西西里登陆两天后，即 7 月 12 日，苏军向奥廖尔和布良斯克发起反攻。尽管德军对此早有预料，但苏军还是凭借高超的战术

▲ 第二次世界大战期间，德军的备用发动机短缺问题一直没能解决，动力室空间局促影响了"费迪南德"自行反坦克炮的发动机使用寿命，它的 HL 120 汽油机至多只能正常运转 800 公里。"费迪南德"显然属于高价值战车，为保障它正常出勤，德军在必要时甚至会为它专门空运备用发动机

水平成功遏止了第 9 集团军的攻势。

莫德尔被迫向北方分兵，以支援第 2 装甲集团军。7 月 17 日，苏军向德军防线发起全面进攻。此时，"费迪南德"自行反坦克炮依旧故障频出。第 656 重型坦克歼击团派出了第 653 重型坦克歼击营的 9 辆"费迪南德"，以及第 654 重型坦克歼击营的全部"费迪南德"，在克罗梅以北建立防御阵地，那里距奥廖尔南部约 30 公里，是奥廖尔防线（Orel-Riegel）的一部分。

这些"费迪南德"与突击坦克一道，参加了旨在保卫奥廖尔 - 库尔斯克铁路线的一系列作战行动。1943 年 7 月 24 日，第 656 团团长冯·荣根菲尔德中校（von Jungenfeld）紧急向第 2 装甲集团军指挥部递交如下申请：

　　我团自 7 月 5 日以来一直在执行作战任务……"费迪南德"和突击坦克出现了大量技术问题。最初计划让这些战车每战斗 4~5 天即撤出前线，进行为期 2~3 天的维护和修理工作，但实际上根本无法实现……目前，需要对所有战车进行为期 14~20 天的大修……鉴于我

▼ Kfz.100 是基于 4.5 吨级卡车改造的旋转式起重机，起吊能力 3 吨，它对维修连和维修分队而言都算得上一种重要的维修设备。图中的德军官兵正利用 Kfz.100 修理末级减速器，主动轮已经拆下，吊车前方可见一辆 Sd.Kfz.251/8 半履带装甲救护车。整个第 656 重型坦克歼击团只有一辆 Sd.Kfz.251/8，因此他们很可能用它执行运送伤员以外的任务

团很快将彻底丧失战斗力，我要求第 2 装甲集团军尽快将我团撤出战场……

　　第 656 团在冯·荣根菲尔德的授意下组建了两个战斗群，部署在奥廖尔以东和东南方向稍远的地方。这两个战斗群混编了来自团里不同单位的车辆，规模都很小。后方维修连修复的车辆不断与前线车辆轮替。凭借精心布置的防御阵地，"费迪南德"助力德军阻滞了苏军的攻势。

　　在意识到奥廖尔即将失守后，第 2 装甲集团军又在布良斯克以东设立了哈根防线（Hagen-Stellung）。7 月末，德军放弃奥廖尔后，奥廖尔突出部里的德军残部发起了"哈根行动"（Hagen Bewegung），向西退却，他们在奥廖尔火车站、通向布良斯克的公路线和桥梁上都安放了爆破装置。

　　第 2 装甲集团军的战斗日志记载如下：

　　第 35 军作战处处长（Ia）发往集团军总部的无线电报，1943 年 7 月 29 日 21 时 30 分。

　　第 35 军准备从奥廖尔铁路枢纽经铁路运送"费迪南德"，时间：

▲ 第 216 突击坦克营（第 656 重型坦克歼击团第 3 营）的一辆指挥型突击坦克，跟在它后面的是营部车队。早期批次突击坦克的驾驶员观察窗与虎式坦克同型，图中这辆突击坦克的驾驶员观察窗上加装了一个雨遮，这可能是针对诸多设计缺陷的补救措施之一

▲ 第656重型坦克歼击团陆续接收了一些重型牵引设备。1943年7月，他们得到两辆"黑豹"坦克回收车，同年10月又得到三辆虎（P）坦克回收车。图中是该团的一辆"黑豹"坦克回收车，属于早期型，未装绞盘影响了它的作业能力，后方几个平板车上类似双轮战车的装备究竟是做什么用的，至今也没有人能说清楚（译者注：这实际上是处于运输状态的装甲机枪掩体）

行动开始前24小时，第35军要求运送行动的时间与爆破铁路桥和奥廖尔火车站的时间相协调。

这份日志中还有奥廖尔城防司令的报告内容，包含一些有趣的细节。

任务：摧毁位于奥廖尔的所有关键军事设施

……1943年8月4日须对所有设施实施爆破……上级明确要求保留以下建筑：

地区博物馆、市立博物馆及档案局、所有已翻修完毕的教堂和民用医院、儿童结核病院、孤儿院。

第9集团军1943年8月15日的战斗日志记载如下：

15时30分，针对机动反坦克武器的配置原则下发了正式通知，这些武器的部署对哈根防线至关重要……预计苏军将在第2装甲集团军北翼发动进攻，计划将第505重型装甲营（虎式）和第654重型坦克歼击营（"费迪南德"）调去建立重点反坦克阵地（*Panzerabweh-*

rschwerpunkt）。

显然，"费迪南德"在库尔斯克战役失利后主要扮演了防御性角色。8 月中旬，第 656 重型坦克歼击团从奥廖尔突出部调出，所辖第 654 营几乎完全丧失战斗力，只有 19 辆"费迪南德"幸存。随后，该营调至法国奥尔良（Orleans），准备换装"黑猎豹"坦克歼击车（Jagdpanther，Sd.Kfz.173）。德军部队在撤往后方休整时，通常会将全部装备移交给其他部队，但第 654 营这次并没有遵循惯例，他们只将幸存的 19 辆"费迪南德"移交给第 653 营，而将其余装备都带到了法国。第 653 营奉命在布良斯克集结，随后乘火车抵达第聂伯罗彼得罗夫斯克（Dnepropetrovsk），在那里开展拖延已久的车辆维修工作。

第聂伯罗彼得罗夫斯克的防御战与维修工作

在奥廖尔－布良斯克一线作战期间，由于包括莫德尔大将在内的将领们都要求最大限度保证前线战车数量，第 656 重型坦克歼击团所有能用的战车都要顶上前线阻挡苏军，根本没有条件对"费迪南德"和突击坦克进行大修。另一方面，该团的车辆整备状况已经非常糟糕，连最低出勤率都难以保障。他们只能靠拆换零部件的方式拼凑出一些能动的战车，而这样的战车显然更容易出故障。

德军在第聂伯罗彼得罗夫斯克有一座由钢铁厂改建的大型修理厂，代号"K 厂"（K-Werk）。K 厂有大型厂房和起重设备，正适合第 656 团大修战车。

1943 年 8 月 18 日，第 656 团奉命前往第聂伯罗彼得罗夫斯克。10 天后，陆军总参谋部对行动情况进行了简要汇总：

1. 前往第聂伯罗彼得罗夫斯克的命令于 8 月 18 日送达部队。

2. 部分单位仍在原战区内作战，现已确认，截至 8 月 26 日，仍有一个战斗群处于战斗状态。

3. 交通拥堵严重，火车半途停滞，部分车次晚点 24 小时之久。

4. 第一批装备已于 8 月 21 日发车。

5. 上述部队及装备分乘 22 列火车，其中 9 列已发车，4 列已至第聂伯罗彼得罗夫斯克。

6. 预计大修工作开始时间：9 月 1 日。

7. 预计大修工作耗时：4~6 周。

8. 所有装甲车辆均需维修。

9. 大修工作将由下列单位承担：

a）上述装备所属部队。

b）向第聂伯罗彼得罗夫斯克额外调派的 2 个维修连。

c）南方集团军群第聂伯罗彼得罗夫斯克 K 厂只承担少量维修任务（该厂目前维修任务繁重）。

1943 年 8 月 27 日，陆军最高统帅部的装甲部队总指挥向第 656 团和第聂伯罗彼得罗夫斯克的 K 厂拍发电报：

我要求（你部）上报目前在第聂伯罗彼得罗夫斯克 K 厂优先维修的第 653 重型坦克歼击营和第 216 突击坦克营所属战车的状况（可作战和需维修的战车数量），以及何时能完成大部分维修任务，何时能完成全部维修任务。

1943 年 8 月 31 日，陆军最高统帅部的装甲部队总指挥在报告中汇报如下：

"费迪南德"和突击坦克营车辆状况

1）按日程表，预计可在以下节点完成：

a）抵达第聂伯罗彼得罗夫斯克 7 天后

10 辆"费迪南德"

b）抵达第聂伯罗彼得罗夫斯克 10 天后

38 辆突击坦克（全部完成）

2）其余"费迪南德"必须接受彻底翻修和技术改进。

3）38 辆突击坦克中有 10 辆已修复。

4）第聂伯罗彼得罗夫斯克已于 8 月 31 日开始大修"费迪南德"，10 辆突击坦克在布良斯克装车前已修复，目前尚无突击坦克运抵第聂伯罗彼得罗夫斯克。

5）运输形势严峻，火车晚点 20 小时之久……

6）受战况影响，两营（第 653 和第 654 营）有部分车辆直至 8 月 29 日才开始向后方运输。

技术改进

德国陆军武器局制定了一套跟踪和改善武器装备技术性能的方法。军队高层会收到来自前线部队的报告，同时参考军工企业的意

见。每一项改进措施都是普通士兵、军官和维修人员共同努力的成果，融汇了他们的实践经验和真知灼见。

　　理想状态下，改进措施会在战车量产下线前落实。如果战车已经走上战场，则会通过追加改装件的方式达成改进目标。

　　在库尔斯克初经战阵后，第 653 重型坦克歼击营对战时问题进行了汇总。所有幸存的"费迪南德"自行反坦克炮都需要大修，撰写报告的军官提出，应当在靠近前线的修理厂对它们进行技术改进。

▲ 一辆"费迪南德"自行反坦克炮（战术编号 134）在几间农舍前待命。久经战阵让它身上留下了很多伤痕，除牵引缆外，其他随车工具都不见了

　　以下是最紧要的一些提高战斗力和可靠性的措施：

　　A. 提高防火性能方面的改进
　　1. 改进动力室散热格栅，提高防炮弹破片能力。
　　2. 在燃油管路与排气管间加装隔板。
　　3. 改进排气管装配工艺。
　　4. 改善排气管位置积存树叶的问题。
　　5. 改进防火墙，以便在战斗室内维修发动机。
　　6. 安装由 2 具 5 升二氧化碳灭火器组成的自动灭火系统。

　　B. 提高防地雷能力方面的改进
　　1. 为蓄电池加装弹性基座。
　　2. 拆除发电机壳体基座紧固件。
　　3. 改进发电机固定方式。

C. 解决低压电路失效问题。

D. 悬架
1. 与摩擦离合器断开连接。
2. 换装传动比更高的末级减速器。
3. 换装新型履带。
4. 更换悬架橡胶限位块。

E. 改进高压电路。

F. 车体结构
1. 在战斗室正面加装导雨槽
2. 为驾驶员 / 机电员舱盖和发动机盖板加装密封条。
3. 在车身与战斗室连接处加装密封条。
4. 在散热格栅上方加装防爆网。
5. 调节驾驶员 / 机电员舱盖的平衡弹簧。
6. 在车体上层结构 / 战斗室前部加装密封件。

▼ 这幅照片是对"费迪南德"自行反坦克炮的真实写照。车首上的千斤顶已经拆除，原位放着备用履带，装备部队后，炮座前加装了跳弹板，更换了炮管，工具箱挪到车身后部，这些部位还补了漆

7. 将备用履带、随车工具和工具箱移到车尾。

8. 为观察口加装导雨槽和遮光板。

9. 在后部排气罩处加装金属导流板。

10. 重新焊接动力室盖板上的铰链。

G. 其他改进

1. 改进跳弹板（译者注：指外防盾），使其保持一定倾角。

2. 提高球形炮座位置的装甲防护水平。

3. 提高战斗室顶板强度（建议：在确定完成第 4 项后焊死炮长舱门）。

4. 将后部维修口改为紧急逃生口。

5. 安装带潜望镜的车长指挥塔。

6. 加装主炮同轴机枪。

7. 安装可在驾驶室内操作的主炮行军固定器解锁装置。

8. 为机电员增设潜望镜。

9. 为驾驶员和车长增设通话装置，其线路将贯穿动力室。

10. 改进潜望镜橡胶固定基座。

11. 改进发动机散热系统及散热风扇驱动装置。

12. 改进注水口。

13. 改进并安装后部导流板。

14. 更换进气扇的连杆螺母。

15. 在排气管出口处安装高强度弧板，防止它与履带直接接触。

在我们的两个维修连收到原材料和备件后，如果工作条件理想，则以上工作将在 6 周内完成。

（签名）

刚到 8 月 27 日，陆军总参谋部就急不可耐地询问第 653 营和第 216 营的战车整备状况。此时的东线形势对德军而言已经危如累卵，他们必须将每一辆能用的战车都派上战场。

8 月 31 日，陆军总参谋部收到如下反馈：

"费迪南德"和突击坦克的维修情况：

1. 放弃耗时较长的大修计划，实施临时修理，预计可在以下节

▲ 对分散战线各处，彼此相距甚远的第656重型坦克歼击团所辖各部而言，保障燃料供应无疑是头等大事。图中的121号"费迪南德"自行反坦克炮的行走机构被厚厚的泥巴覆盖

点完成：

a）抵达第聂伯罗彼得罗夫斯克7天后10辆"费迪南德"

b）抵达第聂伯罗彼得罗夫斯克10天后38辆突击坦克（全部完成）

2. 其余"费迪南德"必须接受彻底翻修和技术改进。

即使是上述打了折扣的维修目标，也无法在第聂伯罗彼得罗夫斯克顺利完成。9月14日，第656重型坦克歼击团又在电报中对后勤系统抱怨道：

"费迪南德"的修理工作已经难以为继，从马格德堡只送来10台发动机，而我们需要60台，我们要求加快交付进度。

1943年9月18日，第656团团长在报告中历数了战车维修期间的种种乱象，这导致大把时间被无谓浪费。

我团（乘火车）从布良斯克转移至第聂伯罗彼得罗夫斯克，卸车后立即开展大修工作并部署战斗群，因此团部无法撰写战斗报告，现将情况汇报如下：

从布良斯克到第聂伯罗彼得罗夫斯克的转运工作进展极其缓慢，列车只能分散发车，而无法集中发车，每趟列车要耗时9天才能抵达目的地。

目前，K 厂维修设备已处于满负荷状态，因此不可能在该厂完成大修任务。我团征用了第聂伯罗彼得罗夫斯克钢铁厂的一间大型厂房，所需维修设备已搬入厂房内，准备就绪。

准备大修工作时，上级命令我团尽快整备一个混成战斗群投入战场。经大力协调后，我团在短时间内完成了 15 辆"费迪南德"和 15 辆突击坦克的大修工作。维修场地的全体官兵已竭尽全力，每天的工作时长都超过 12 小时。未对战车进行技术改进，只在大修中更换了履带（旧型号）和发动机等组件。仓促赶工的恶果很快显现，从维修场地前往火车站途中，有 3 辆"费迪南德"和 2 辆突击坦克趴窝。

特遣战斗群（Einsatzgruppe）由第 656 团 I 营营长包蒙克上尉（Baumunk）指挥，团长随战斗群作战。最初准备将战斗群折分为两部分，分别部署于锡涅利尼科沃（Ssinelnikovo）和巴甫洛格勒（Pavlograd）方向。然而，在前往锡涅利尼科沃途中，我们得知从那里通往巴甫洛格勒的铁路线已被苏军控制。于是，我们卸载了 4 辆"费迪南德"和 12 辆突击坦克，在一个步兵加强营的帮助下夺回了铁路线的控制权。在 40 公里的行军途中，大雨滂沱，道路泥泞，但未遭遇苏军或有任何交火。团长认为公路行军会加剧机械磨损，因此下令让所有"费迪南德"和 3 辆突击坦克原地待命。

此时，上级下令让战斗群在巴甫洛格勒集结，原地待命的"费迪南德"和突击坦克再次装车发运。自行前往集结地的 8 辆突击坦克中有 4 辆成功抵达，出现故障的 4 辆随后也被成功回收。

因急于赶路，运输 4 个战斗分队的列车距离过近，其中两列发生追尾事故，造成 1 人死亡、1 人受伤，1 辆吊车和 2 辆运输车损毁。当晚，战斗群全体出击，与第 420 步兵营协力收复巴甫洛格勒－迪米特里杨卡（Dmitrijenka）铁路线。此次行军里程依然是 40 公里，有 8 辆"费迪南德"和 12 辆突击坦克投入战斗，只与苏军进行了小规模交火。战斗中，击毁 1 辆苏军装甲车，缴获 7.62 厘米炮 5 门。8 辆"费迪南德"均抵达目的地，3 辆突击坦克出现故障。第二天，开展车辆维护作业。傍晚又接到命令，要求所有"费迪南德"退至巴甫洛格勒并装车运回锡涅利尼科沃。在维修分队的努力下，可用的突击坦克达到 16 辆。次日，这些突击坦克加强给第 23 装甲师，他们在从瓦西里科夫卡（Vassilkovka）前往格力格尔耶夫卡（Grigerjovka）途中与苏军爆发激战，突击坦克的威力得以充分发挥。I营营长包蒙克上尉继续指挥战斗群，团长带领"费迪南德"返回。

随后，突击坦克又分别在第9和第23装甲师指挥下投入多场战斗，"费迪南德"返回锡涅利尼科沃后未再参战。经与第1装甲集团军多次协商，上级决定将整个战斗群留在第聂伯罗彼得罗夫斯克附近所谓的"前出阵地"上……

战火极可能在9月25—30日蔓延至第聂伯河畔，所有维修单位必须立即从城里撤出……

我团现划归第17军指挥，将留在第聂伯罗彼得罗夫斯克，前出阵地必须坚守到开春……第聂伯罗彼得罗夫斯克的指挥机构必须做出重大抉择……

大修工作进度：战斗群成立后，又启动了另外14辆"费迪南德"的大修工作，它们必须接受彻底翻修并实施技术改进。大修工作开始时，很多部件尚未到位，报告称这些部件已从国内发出，但很难保证按期抵达。尽管如此，这些"费迪南德"的大修工作还是能在5~6天内结束。团长要求为一些"费迪南德"安装尚可运转的旧部件，以保障铁路装车工作正常开展。

下一批13辆突击坦克的大修工作接近完成。鉴于维修设备即将转移，此后只能维持较低强度的维修工作，不会加班赶工。

我团在基洛夫罗格（Krivoj Rog）一带寻找新维修点时，发现合适的场地和设施均被占用，未找到大修所需厂房……战时经济管理局建议我团在尼科波尔地区（Nikopol）继续寻找……空军第25航空管区（Luftgau 25）下属的一处厂房适合开展大修，目前正在腾退，相关协商工作也在推进。

据称，当前没有SSyms铁路平板车可用，我团现有的42辆"费迪南德"（还有8辆正在作战）又将面临运输难题，因此，计划从第聂伯罗彼得罗夫斯克沿公路向扎波罗热（Zaporozhe）转移，及时撤离即将失守的地区，在扎波罗热换乘火车前往尼科波尔……宝贵的备件需要运出第聂伯罗彼得罗夫斯克，已在扎波罗热以西找到合适仓

库······

与此同时，我团还需要在第聂伯河东岸为团部和两个营的驻地及阵地重新选址，而辎重队和其他后勤单位则分散在河西岸的多个驻地。选址工作将在 9 月 19 日晚完成。希望陆军最高统帅部尽快决定我团是否需要在扎波罗热过冬，如果需要在那里过冬，我团会将非战斗单位转移过去。我团将在主防线（Hauptkampflinie）后 5~8 公里范围内选址，这些地方需要有通向主防线的放射状通路，如果没有，则需要开辟通路。在准备妥当的前提下，无论苏军在什么时间、什么地点发起进攻，只要前线需要支援，我团就可以迅速投入战斗。

我团还需要为车辆寻找过冬的车库，以防车辆在低温条件下结冻，无法行驶。

必须强调的是，在未来几个星期，甚至几个月内，我团的作战力量都只能达到战斗群规模，因为车辆需要维修，性能也不稳定······还需要阐明的是，鉴于上级下令转移维修设备，大修中的"费迪南德"无法完成所有技术改进，首批 15 辆和第二批 14 辆未进行任何技术改进，暂维持原状，现已投入战斗。这些战车需要返工，突击坦克存在相同问题。车辆冬季出勤率将有所降低，我团强烈要求在明年年初对全团车辆实施彻底翻修。目前，我团实力如下：

包蒙克战斗群
8 辆"费迪南德"，均可作战。
14 辆突击坦克，均无法作战，为避免被苏军缴获，现正利用全部牵引车实施回收。

在第聂伯罗彼得罗夫斯克的车辆
42 辆"费迪南德"
其中 7 辆正在加紧维修，预计 3~4 天内完成。14 辆将在 6~7 天内修复，其余车辆均需耗费更长时间维修。
10 辆突击坦克，加急维修后预计在 9 月 20—21 日恢复战斗力。

我团预期目标：
为扎波罗热桥头堡准备 1 个战斗群，装备 7 辆"费迪南德"和10 辆突击坦克。

在包蒙克战斗群归队后，所有仍具战斗力的单位都将赶往扎波罗热。

扎波罗热桥头堡的战斗

1943 年 9 月 20 日，南方集团军群接到有关第 656 重型坦克歼击团的调令：

第 656 重型坦克歼击团（团部）
第 653 重型坦克歼击营（"费迪南德"）
第 216 突击坦克营

以上单位均将调至南方集团军群序列，以尽快投入扎波罗热桥头堡的战斗。

9 月 24 日，运输条件已经有所改善，一位负责运输的军官报告了如下情况：

西部运输线路条件较好，现有空车皮能满足当前军事需求。鉴于扎波罗热的桥头堡正在缓慢解体，那里的 SSyms 铁路平板车必须分批经第聂伯大坝顶部撤出，"费迪南德"自行反坦克炮、突击坦克和其他受损坦克的运输安排如下：

1）第 656 团可作战的"费迪南德"运往扎波罗热。
2）两营受损的"费迪南德"运往尼科波尔……

1943 年 9 月 27 日，第 656 团团长通过总参谋部负责装甲部队的军官向参谋总长递交了一份报告。

第 656 重型坦克歼击团的初步报告

▼后页图：第 654 重型坦克歼击营的"费迪南德"自行反坦克炮正在第聂伯罗彼得罗夫斯克的维修厂里大修，这里曾经是一家钢铁厂

1943 年 9 月 19 日，陆军最高统帅部将我团划归南方集团军群序列，并令我团将所有尚具战斗力的车辆部署到桥头堡，其余车辆则送去维修……

所有可参加战斗的车辆都将编入桥头堡的机动预备队，为此将

建立 2 个战斗群，由 2 位营长分别指挥。北战斗群指挥官为包蒙克少校，南战斗群指挥官为卡尔少校。每个战斗群都将装备 12~14 辆"费迪南德"和 10~12 辆突击坦克，还有一小组的"费迪南德"将部署在扎波罗热的街道上。加入战斗群的"费迪南德"将修复至能在重点地段执行机动反坦克任务的水平，他们将是最后的预备队，扮演"消防队"的角色。

▲ 图中这辆"费迪南德"自行反坦克炮正由渡船运往第聂伯河对岸，撤回奥地利休整前，来自第 656 重型坦克歼击团的小型战斗群在第聂伯河沿岸参加了一些战斗

所有车辆都将部署在城市外围，战斗群有固定防区，车辆可在需要时投入防区作战，已预先确定了行动路线，并对周边地带进行了勘察，必经之路已清空，两个战斗群可转换防区交叉作战。

为稳定桥头堡局面，机动反坦克力量不可或缺……

维护与修理：
经长时间协商，空军最终将尼科波尔的大型厂房转交我团，用于完成"费迪南德"最后维修工作的器材也已到位，但还需要对建筑结构进行较大规模改造，维修连人员需要住宿空间。我在此请求托特组织（*Todt*）加派人力，加快工作进度。

由于需要转移，第聂伯罗彼得罗夫斯克的维修工作已停止，铁路负荷过大，"费迪南德"的转运工作出现延迟，状况进一步恶化。

维修连将在尼科波尔边工作边等待"费迪南德"运抵厂房。待宿舍完工后,就可在尼科波尔开展"费迪南德"的维修工作。

我团希望在 10 月 1 日开始作业,按计划,每次可维修一个连的车辆。待一个连的车辆全部修复并接受技术改进后,下一个连的车辆再上线,由此分批完成全营车辆的维修和改进工作。桥头堡的作战行动不会受维修工作影响。

我团另外请求,将维修"费迪南德"所需备件和物资尽快运抵尼科波尔。

已对突击坦克营所辖维修排做出合理安排,他们驻扎于第聂伯河西岸,可开展小修和中修作业,保障战斗连队出勤率。据悉,第 1 装甲集团军总指挥部已派出一个战车维修连,负责完成各连突击坦克的维修工作,请在未来几天内将执行任务的维修连番号告知我团。

彻底翻修已刻不容缓,最近的作战行动表明,此前的紧急维修没能解决问题。超负荷使用后,大量突击坦克现已瘫痪,必须进行彻底翻修才能恢复战斗力。某些突击坦克曾在奥廖尔突出部触雷,维修时更换了全套行走机构,日后翻修时必须仔细检查其底盘是否变形。据观察,越来越多的经过紧急修复的战车出现了故障。

按上述计划,每次只有 1/3 的战车进厂接受彻底翻修,全团可维持 2/3 的战斗力。目前尚无战车在桥头堡作战时出现严重故障。

在第聂伯罗彼得罗夫斯克桥头堡的最后一场战斗中,一辆突击坦克被直接击中,严重受损,无法在撤退期间对其实施回收,不得不就地做爆破处理。我团共击毁 2 辆 T-34 坦克和 3 门反坦克炮。

鉴于大量战车仍在铁路运输或公路行军途中,无法全面统计车况,我团将在全部装甲车辆到位后再上报战斗力情况。目前,在桥头堡活动的战车包括 11 辆"费迪南德"和 3 辆突击坦克。

一些"费迪南德"组成小型战斗群在桥头堡作战,还有一些在后方维修。1943 年 10 月 2 日,第 656 团汇报了当时的战车维修进度:

维修"费迪南德"过程中遇到的问题：

1）发动机

尚有 24 台发动机待修，为修复全部 54 辆"费迪南德"，还需要更多发动机。尼伯龙根工厂仓库内至多还有 10 台，且不能保证及时送达。因此，很有必要从三号坦克或四号坦克生产线上抽调 30 台发动机。

9 月 24 日，有 26 台需要大修的发动机从第聂伯彼得罗夫斯克经 B 战车备件库送返马格德堡，急需加快大修作业进度。在第聂伯彼得罗夫斯克修复的"费迪南德"，发动机平均使用寿命只有 400 公里，至多能使用 800 公里……

建议由我团自行完成发动机大修工作，但目前维修单位既没有备件，也没有专用工具。

2）备件与改装件

鉴于备件供应站需要向波尔季切夫（Berdichev）附近的丘德诺夫（Tchudnov）转移，备件交付工作已陷入停滞状态。从维也纳到马格德堡的铁路运输线，经常被帝国铁路（Reichsbahn）的列车阻断或发错方向。为完成维修工作，所有备件和改装件都需要从丘德诺夫运到尼科波尔，从本土发来的备件也必须直接送往尼科波尔。

▲"费迪南德"自行反坦克炮可谓百病缠身，为保障正常作战，即使是距离不远的调动，德军也会尽量用铁路运送它，但这样一来，频繁的装卸车就又成了难题，很多火车站都没有端式装车斜坡台或专供车辆上下的站台，车组只能自己想办法解决

3）履带

所有"费迪南德"都将换装新型履带，旧履带磨损严重，易断裂。当前的战斗报告表明，苏军炮手会优先瞄准履带射击。我团没有储备新型履带，尚未运到的180套新型履带需要加紧调配。此外，还应当配发5000套与新型履带适配的防滑齿，四号坦克样式的附加防滑齿适用于旧履带，无法适配新型履带。

4）冬季装备

还需要配发5000套适配现存旧履带的防滑齿。由于装车前还需要用焊枪对这些防滑齿进行斜切处理，务必尽快送到。为加快改装进度，我团请求再提供20套砂轮，目前维修单位和备件库的砂轮均已消耗殆尽。现有的"费迪南德"冬季备件只有冷却液交换管一种，我团还需要热空气鼓风机和加热水罐拖车……

5）末级减速器

经斯柯达改装的传动比为1∶16.8的末级减速器库存已耗尽。斯柯达方面确认，已有75套末级减速器发往马格德堡，但截至目前，我团仅收到够30辆车使用的末级减速器，其余不知所踪。要修复其余车辆尚需至少25套末级减速器。

6）起重设备

装备"费迪南德"的营应当编制2台3吨级起重机，我团所辖"费迪南德"营接收了6吨级起重机和3吨级起重机各2台。其中，1台Kfz.100（译者注：起重能力3吨的汽车吊）在铁路事故中损毁，1台Sd.Kfz.9/1（译者注：基于18吨半履带牵引车改装的起重机，起重能力6吨）在奥廖尔经铁路疏散时遗失，剩余2台起重机无法满足维修任务需求，一组维修人员使用起重机时，另一组维修人员只能等待，前线维修分队没有任何起重设备。

7）悬架组件

悬架组件仍未从生产商处送至我团，运输速度还需加快。可以预见的是，在日后的战斗中，许多"费迪南德"的悬架将在敌军炮火中受损，但我团没有可用备件。

8）发动机散热格栅盖板

下一批接受大修的"费迪南德"将于9月20日完工，但9月15

日前还需要将 10 组发动机散热格栅盖板和燃油箱护甲送到尼科波尔。

9）备件运输问题

很有必要对来自维也纳和马格德堡的备件进行武装押运，如果运输过程中出现延误，则应当直接向南方集团军群总部汇报情况。

这份报告揭示了第 656 团面临着许多难以解决的技术问题，受备件供应不畅一事连累，他们的"费迪南德"和突击坦克维修工作进展缓慢。即使是维修连这样重要的单位，也无法接收到急需的旋转式汽车吊等设备。

1943 年 10 月 4 日，南方集团军群的一份情况简报记载了如下内容：

第 656 重型坦克歼击团

由中央集团军群向南方集团军群调动共耗时 11 天，部分备件尚未运抵。

"费迪南德"：

截至 10 月 2 日 14 时 00 分，可作战的：13 辆

行动受限的：1 辆

需 6 天以内短期维修的：8 辆

车体被直接击中的：1 辆

需长期维修的：26 辆

除籍的：1 辆

共计：49 辆

突击坦克

可作战的：10 辆

总计：37 辆

该营急缺大量备件

约 1 个连的车辆可在 1943 年 9 月 25 日前完成大修，可在 14 天内保持作战状态的"费迪南德"预计维持在 30 辆的规模，到年底可完成所有车辆的大修工作。需要常备铁路装运斜坡台，4 台 SSyms 铁路平板车需要在桥头堡处待命。

第 653 营需要炮管，发射 300 发炮弹后膛线会严重磨损，使用

寿命至多只有 500 发。目前，*Panzergranate* 39 的威力已足够，*Panzergranate* 40 可取消供应。

突击坦克威力强大，但总体设计不良。

这份报告也凸显了运输问题，全团共有 13 辆"费迪南德"可投入战斗，他们有志于将这一数字提高到 30 辆。1943 年 11 月 1 日，第 653 重型坦克歼击营的战斗力统计情况依然不容乐观，与目标存在很大差距。全营当时共装备 48 辆"费迪南德"、2 辆"黑豹"坦克回收车（在修状态），以及 3 辆"费迪南德"牵引车，其半履带卡车数量远高于额定编制数量。

第 653 营	"费迪南德"	Sd.Kfz.251/8	三号坦克	三号弹药运输车
额定编制数量	48	1	—	—
可作战数量	9	—	5	5
在修数量	39	1	1	—
除籍数量	—	—	—	—
第 653 营	"黑豹"坦克回收车	"费迪南德"牵引车	半履带牵引车	20 毫米口径四联装高射炮
额定编制数量	—	—	27	3
可作战数量	—	3	19	3
在修数量	2	—	7	—
除籍数量	—	—	—	—

营长附言如下：

战斗中持续减员，没有补充兵员，兵力状况恶化。高烈度战斗导致军官缺额严重。

机动车磨损严重，车况很差，卡车和乘用车尤甚。

战车状况极差，我营需要休整。10 月 25—30 日，我营被拆分为三部分，分散在分属于 3 个军级单位的 150 公里宽的战线上，这导致后勤和指挥工作无法顺利开展。各连被迫分散，多位新上任的连长均处于失联状态。由于部署过于分散，战斗力已恶化至极。如果近期不调整战术，则我营车辆很快会全部瘫痪。

一天后，第 656 团团长再次在报告中强调了部队的状况：

第 656 重型坦克歼击团情况报告：

自上次报告之日起（1943 年 9 月 17 日），我团就一直处于作战状态。由于我团承担了支援第 17 军和第 30 军所辖防区的任务，需要在相距较远的重点防御地段间频繁调动。通常要在短时间内行军 60~80 公里，对装备影响较大，技术故障频发。所幸维修分队和维修连表现出色，始终能维持一定数量的战车参战。

可作战车辆的数量起伏很大，受作战行动和行军影响，多则 20 辆，少则 4 辆。即使将战斗群分为南北两组也不能解决问题，在执行重要防御任务时，所有可用车辆必须倾巢而出。

某日，有 10 辆"费迪南德"完成大修返回，另有 4 辆在尼科波尔完成抢修。这 14 辆"费迪南德"配属第 56 军，立即投入了在基洛夫罗格的惨烈战斗。经此一役，苏军损失 21 辆坦克、34 门反坦克炮和 8 门野战炮（被我军缴获），大部分战果要归功于"费迪南德"。与此同时，还有 4 辆"费迪南德"配属第 30 军，3 辆"费迪南德"配属第 27 军。在这几天的战斗中，我团所辖车辆分别配属于 150 公里战线上的 3 个不同军级单位。因此，团部在提供补给、回收车辆、实施修理等方面都存在极大困难。

▲ 这幅照片虽然模糊，但真实反映了拖救瘫痪的"费迪南德"自行反坦克炮究竟有多困难。一片泥沼中，一辆虎（P）坦克回收车和一辆"费迪南德"正合力牵引一辆瘫痪的"费迪南德"

基洛夫罗格的防御战结束后，我团又回到第 30 军和第 27 军的防区，作为集团军级预备队在两个防区中心待命，准备随时赶往形势危急的点位。在 1943 年 11 月 5 日这一时间节点，共有 14 辆"费迪南德"可参加作战，到 11 月 8 日，又有 10 辆整备完毕后从团集结场赶来。我团希望在 11 月 12 日前再完成 3~4 辆"费迪南德"的整备工作。

与其他装甲单位相比，我团尽管也遭遇了数不胜数的技术问题（之后的报告会做解释），但仍然能使相当一部分车辆维持作战状态。这要归功于我团维修连、维修分队和维护小组的专注与不懈努力，他们的表现堪称完美。在预备役中尉、硕士工程师吕默尔（Oberleutnant d R und Dipl Ing Römer）和民间技术顾问沙夫汉内克（Schaffranek）的领导下，维修单位为我团取得胜利做出了不可磨灭的贡献。

维修：
我团认为，截至目前，大部分故障均出现在发动机、履带和悬架上。

发动机：
发动机的使用寿命是 800 公里，在达到这一行驶里程后，发动机通常已严重磨损，必须换新或大修。9 月中旬，新一批发动机的使用寿命只有 600~700 公里。坦率地说，现存的 48 辆"费迪南德"还需要 90 台新发动机，如果没有新发动机，这些车就都会报废。受形势所限，无法从本土获得新发动机，我团试图自行在前线对发动机进行大修。为此，我团需要将如下电报直接呈予装甲兵总监阁下：

致装甲兵总监，勒岑（Lötzen）

我团请求，以空运方式投送 30 套适配"费迪南德"发动机的新气缸和气缸套组件，以及 4 套专用安装工具。由于缺乏堪用的发动机，我团正在开展的维修工作举步维艰，战斗出勤率将无法保障，相关报告稍后呈上……

（签名）冯·荣根菲尔德中校，第 656 重型坦克歼击团团长

我团希望物资以 Ju-52 运输机空运至驻地。目前，我团已用尽所有备用发动机，发动机日常故障已无法处置，故障战车最终都会瘫

痪。在早先形势尚未如此严峻时，我团便已上报这一问题。

履带与行走机构：

最近补充的履带质量堪忧，履带板断裂情况已成家常便饭，每行驶 40~50 公里出现 12~15 次履带崩裂故障已不足为奇。重新设计的新型履带预计于 11 月准备就绪，我团急需新型履带，请务必加快运输速度。存在质量问题的履带会损坏悬架机构，引发一系列问题。如果无法及时排除履带故障，就只能让车组对战车实施爆破处理。苏军清楚自己的火炮无法击穿"费迪南德"的装甲，因此只打击它的悬架机构，这导致悬架配件需求量激增。目前，15 辆在修的"费迪南德"中，有 10 辆是履带故障。铁路运输延误严重，希望以公路运输方式大批量投送备件。

发动机问题仍然最为紧迫，只有在备件和专用工具及时送达的情况下，我团才能自行解决。

突击坦克：

卡尔少校已报告突击坦克的情况。现在我团已将 14 辆突击坦克送回维也纳，在出现问题的突击坦克中，已丧失机动能力的至少有 32 辆。由于缺乏运输设备，这些战车将面临被集体爆破或落入苏军之手的风险，很有必要（将它们）送往后方。目前，可作战的突击坦克仅剩 3 辆，因此我团希望突击坦克的备件能一同送达，这样我团在短时间内还能完成 10 辆突击坦克的抢修工作。

我团再次建议，在找到合适地点后，对全团车辆进行大修。卡尔少校已与相关负责人就这一问题进行了多次探讨。

战绩：

我团在支援防御作战时再创佳绩，在敌我双方都获得了相当高的知名度，7 月 5 日—11 月 5 日，我团战绩汇总如下：

582 辆坦克

344 门反坦克炮

133 门野战炮

103 支反坦克枪

3 架飞机

3 辆侦察车

3 门突击炮（译者注：指苏军的各型自行火炮，例如 SU-85、SU-152 等）

以上数据根据战斗报告汇总得出。由于战后即与苏军脱离接触，其战损武器装备的具体型号难以统计……

1943 年 11 月 10 日，第 656 团离开位于扎波罗热西北的彼得罗波尔（Petropol）阵地，向南转移至尼科波尔。10 天后，"费迪南德"在尼科波尔向北约 50 公里的米罗波尔（Miropol）参加战斗。拜战术部署得当所赐，这些车况堪忧的"费迪南德"击毁了 50 余辆苏军坦克。1943 年 11 月 26 日的《国防军公报》（Wehrmachtbericht）提到如下内容。

来自陆军最高统帅部的报告：

苏军向位于第聂伯河大河曲的尼科波尔桥头堡发起进攻，经连夜苦战，苏军攻势最终被我军全面瓦解。随后，战火转移至克列缅丘格（Krementschuk）西南防线的缺口。苏军共损失坦克 112 辆，其中，冯·荣根菲尔德指挥的第 656 重型坦克歼击团的战绩是 54 辆，克雷齐默尔少尉（Kretschmer）发挥出色，他的自行反坦克炮包办了 21 辆。

1943 年 12 月 2 日，第 656 团终于接到了期盼已久的调令，回到奥地利对车辆进行大修。

致南方集团军群：

下辖第 653 重型坦克歼击营（"费迪南德"）和第 216 突击坦克营的第 656 重型坦克歼击团将直接由南方集团军群防区调至维也纳－林茨地区，对所有装备实施大修。

在启程前和抵达前都需要开展灭虱作业。

1943 年 12 月 16 日，运送第 656 团返回奥地利的第一趟列车启程，与此同时，苏军再次向尼科波尔的桥头堡发起攻击。为此，该团又组织了一些车况相对较好的"费迪南德"和突击坦克组成战斗群，前去解救困在第聂伯河东岸的步兵。他们动用了一艘 1000 吨的渡船来运送"费迪南德"和突击坦克过河。完成任务后，他们于 12 月 26 日将

◀"费迪南德"自行反坦克炮抛锚后，只靠侦察分队的那些小车是没法回收的，但专用坦克回收车一直处于短缺状态，即使是虎（P）坦克回收车，在泥沼中拖救"费迪南德"也是困难重重

这些战车送回西岸，马不停蹄地装车运往奥地利。

　　1944 年 1 月 30 日，第 654 重型坦克歼击营仍然在等待接装"黑猎豹"坦克歼击车，他们当时除了 1 辆充当指挥车和教练车的三号坦克，以及 1 辆装甲救护车外，再没有其他装甲车可用，其总体战斗力如下：

第 654 营	"费迪南德"	Sd.Kfz.251/8	三号坦克	牵引车
额定数量	45	1	1	32
可作战数量	—	1	1	22
在修数量	—	—	—	10

　　营长在报告中附言：

　　我营正在开展战斗训练，与此同时，还利用三号坦克、半履带车、卡车和摩托车培训驾驶员。按照装甲兵总监的要求，部分人员已回到本土参加培训。目前，机动车状况良好，但尚未接装自行反坦克炮。住宿条件和人员健康状况良好，但对这么棒的一群战士而言，吃的东西还有些不够。

1944 年年初，第 656 重型坦克歼击团的"费迪南德"自行反坦克炮和突击坦克的状况都已经一塌糊涂。很多战车只能停放在维修场里，或是干脆停放在铁路平板车上，以免被苏军缴获。配件急缺，大到发动机，小到电容器，全都不够用，一部分战车长期处于瘫痪状态。更糟糕的是，德军节节败退，根本无力对那些战车进行彻底翻修，也无法将它们送回本土。

从第 653 重型坦克歼击营 1943 年 11 月 1 日的作战实力报告可以看出，他们的车辆配置情况已经与官方的战斗力统计表有了一定出入，"费迪南德"的整备情况堪忧：

◀ 尼伯龙根工厂原本已经处于满负荷运转状态，而修复"费迪南德"自行反坦克炮的任务又给他们带来了无数的新问题。图中这些返厂维修的"费迪南德"停放在总装车间周围，其中一辆的战斗室背面还喷涂有库尔斯克战役期间用于判断隶属关系的战术标识

第 653 营	"费迪南德"	Sd.Kfz.251/8	"黑豹"坦克回收车	"费迪南德"牵引车	三号坦克	三号弹药运输车
额定数量	45	1	—	—	—	—
可作战数量	9	—	—	3	5	5
在修数量	39	1	2	—	1	—
除籍数量	—	—	—	—	—	—

第 216 突击坦克营 1944 年 1 月 6 日的作战实力如下：

第 216 营	突击坦克	四号弹药运输车	Sd.Kfz.251/8	牵引车
额定数量	45	4	1	6
可作战数量	—	4	1	3
在修数量	35	—	—	3
除籍数量	10	—	—	—

第 656 团望眼欲穿的全面翻修工作终于在 1944 年年初开始推进，但这项工作给前线部队和奥地利那些承接任务的公司都带来了无穷无尽的烦恼。所有战车生产厂当时都处于产能严重不足的窘境，而缺少

▶ 尼伯龙根工厂厂区周围，排着长队等待翻修的"费迪南德"自行反坦克炮，这些战车已经饱经风霜，车组和营里的机械师都会参与到翻修工作中

配件更是让翻修工作横生枝节。

1944年1月12日，一份来自五处（译者注：具体单位不明，原文只写为 *Abteilung* V，推测应为陆军武器局）扎克勒总监（Zacherle）的进度报告，罗列了第656团在返回奥地利后发生的一些情况：

1943年12月14日，应随第656团先遣部队前来的团副官要求，本人将第656团团部、第653重型坦克歼击营、第216突击坦克营及第654重型坦克歼击营维修连调至斯特拉斯霍夫（Strasshof）的铁路编组站……按原计划，应当将"费迪南德"运至圣瓦伦丁的尼伯龙根工厂，将突击坦克、指挥坦克和弹药运输车运至维也纳军械库的陆军车辆维修厂（*Heeres-Kraftfahrzeug-Werkstatt Wien-Arsenal*），将所有无装甲车辆运至圣波尔滕（St. Pölten）的军需库。

12月19日，第一批抵达斯特拉斯霍夫的单位是维修连，次日抵达的列车运载的是在尼伯龙根工厂维修"费迪南德"时使用的备件和专用工具。

本人曾请求通过长途电话与元首大本营（*Führerhauptquartier*）进行紧急沟通，以便陈述下列关于维修的建议：

1. 应当为"费迪南德"的大修工作专门成立一个维修分队，以及一个负责加工备件的生产小组，第653营维修连将全力支持。

2. 应当从施佩尔部长建立的各条战车生产线中抽调人力和机械，尽快转移至维也纳军械库的车辆维修厂，参与突击坦克和弹药运输车的维修工作。

以上建议已由索科尔上尉（Sokol）呈递给上级，但至今尚未得到答复。与此同时，维也纳军械库已主动在1月安排了20辆突击坦克的维修工作……

　　1 月 12 日，我们收到一条书面命令，要求我们想尽一切办法在 1 月 31 日前将全部突击坦克翻修完毕……为加快进度，已从多个坦克歼击补充训练营中抽调维修人员，赶赴维也纳军械库支援工作……

　　突击坦克在维也纳军械库换上了全新的行走机构。末级减速器可靠性较低一直是困扰整个四号坦克车族的顽疾，而突击坦克的装甲厚重，战斗全重骤增，更是增大了末级减速器的损坏概率，还导致橡胶轮圈和悬架组件不堪重负。由于无法更改原始设计，只能通过缩短相关部件更换周期，以及增加前线部队备件库存量的方式来缓解问题。德军当时已经要求所有战车都涂布防磁涂层，正在返厂维修的突击坦克也不例外。

　　"费迪南德"的维修工作要更复杂一些，除了对汽油机和电传动系统进行大修外，还要根据前线部队总结的经验教训实施全面的技术改进。

　　相对重要的改进项目如下：

· 在机电员位置安装用于近程防御的航向机枪及球形机枪座。

· 更换新型动力室盖板散热格栅。

· 在战斗室顶部安装带 7 组潜望镜的车长指挥塔（型号与三号突击炮相同）

　　相对次要的改进项目如下：

· 为车体涂布用于防止磁性手雷吸附的防磁涂层。

· 调转主炮球形炮座前部的跳弹板安装方向。

　　尼伯龙根工厂的维修进度要慢于预期，1944 年 1 月 19 日，包蒙克少校报告了如下情况。

　　翻修工作进展：

　　截至今日，尼伯龙根工厂只完成了 8 辆"费迪南德"的分解工作，而重新装配的工作才刚刚开始［进展缓慢的原因是来自舒特诺（Schutno）的备件至今尚未送达，而且现在不清楚运到了哪里］。翻修工作还会进一步拖延。缺少汽车吊造成了很大困难，不借助汽车吊，根本无法将目前储存在林茨军需库的备件装车。我们要再次强调，需要尽快为维修连配发大量越野车和卡车，尽快补足焊接和起重设备……有关配发新辅助车辆的请求也被柏林方面驳回，他们并不知道我团所有辅助车辆此前均已照令分散转交给东线的其他单位。

且不论备件和替换件短缺问题，第 656 团连至关重要的汽车吊等专用车辆都得不到，自然无法顺利推进维修战车这项头等大事。1944年 1 月 25 日，第 17 军区的装甲部队总长在一份报告中对第 656 团的情况进行了汇总，从中可以看出恶劣的维修条件已经有所改善：

……1943 年 12 月 16 日至 1944 年 1 月 10 日，第 656 重型坦克歼击团分乘 21 列火车抵达奥地利……截至 1 月 24 日，维也纳军械库陆军车辆维修厂已完成 7 辆突击坦克的翻修工作，其余突击坦克也将于 1 月 29 日前修复。为加快维修进度，将另行安排一些严重损坏的突击坦克的维修时间，其维修工作将晚于其他车辆完成。由维也纳军械库下线的新突击坦克将于 1944 年 1 月 22 日交付。

截至目前，尼伯龙根工厂已解体的"费迪南德"中，已有 19 辆处于重新装配阶段。为加快进度，第 654 营维修连的熟练机械师们已携带全套工具和维修设备赶赴圣瓦伦丁……

"费迪南德"的维修工作能否按期完成，取决于仍在运输途中的备件和 HL 120 发动机能否及时送达，如果能及时送达，我们就可以在 1944 年 3 月 15 日前完成 43 辆"费迪南德"的维修工作。

1 月 22 日，美军在距罗马只有 50 公里的安齐奥（Anzio）和内图诺（Nettuno）登陆。察觉美军动向的德国国防军最高统帅部，当天就要求加快第 216 突击坦克营和第 653 重型坦克歼击营的整备进度，有关第 216 营的要求如下：

第 656 重型坦克歼击团团部必须加快第 216 突击坦克营的整备进度……目前可遵循的战斗力统计表如下：

装甲营营部 KStN.1107	1943 年 11 月 1 日发布
突击坦克营营部连 KStN.1156	1943 年 11 月 1 日发布
3 个突击坦克连（每连 14 辆突击坦克）KStN.1160	1943 年 11 月 1 日发布
战车维修排 KStN.1185	1942 年 6 月 1 日发布

补充兵力后，该突击坦克营将成为大本营预备队独立营。

鉴于第 654 重型坦克歼击营此前已经被调往法国进行休整和补充，第 216 突击坦克营的"独立"可以视为第 656 重型坦克歼击团解散的标志性事件。1944 年夏天，第 656 团团部解散，原团部官兵悉数调至波兰米劳训练场（Mielau），为组建第 101 装甲旅（PzBrig 101）做准备。

1 月 29 日，上级下达了更具体的命令：

必须全力保障目前正在重整的第 216 突击坦克营第 1 连在 1944 年 1 月 31 日午夜 12 时前达到作战状态。

组织架构：

18 辆突击坦克，分为 4 个排，每排 4 辆

2 辆连长车（*Kompaniechefwagen*）（译者注：指 2 辆指挥型突击坦克）

5 辆二号坦克（由维也纳军械库提供）

维修分队……

2 月 1 日，第 17 军区装甲部队总长收到了一份来自装甲兵总监的电报，措辞直白且强硬：

1）此前要求第 17 军区装甲部队总长安排专人 24 小时值守电话（译者注：意思应该是没有落实），现要求立即集结 1 个连的"费迪南德"，总长今日必须回复。

2）必须在 1944 年 2 月 5 日前集结 1 个突击坦克连。

3）营部必须在 1944 年 2 月 5 日前集结完毕，第 1 连（译者注：应该指第 653 营第 1 连）也必须从速集结。

标注日期为 1944 年 2 月 1 日的一份备忘录中，再次出现了有关第 216 突击坦克营第 1 连的内容，该连将以一个加强连的形式部署：

◀ 车间里的天车正将一辆"费迪南德"自行反坦克炮吊往其他工位（注意特制的起重固定具），下面是四号坦克的生产线，这辆车的翼子板严重受损，左侧履带不知所踪

第17军区装甲部队总长将以第216突击坦克营为基础组建1个加强连。

a）人员来自第216突击坦克营，二号坦克的车组成员将由第17军区装甲部队总长安排。

b）来自陆军车辆维修厂的战车：18辆突击坦克……武器和Fu 5无线电台已装设妥当（其中1辆配装30瓦接收机和1组Fu 5无线电台）。2辆用于车组训练的三号坦克，1辆四号弹药运输车，陆军武器局五处将提供5辆装备齐全的二号坦克。

c）轮式车辆：

14辆中型卡车、6辆重型卡车、3辆1吨级半履带牵引车（Sd.Kfz.10）、4辆大众牌乘用车、4辆轻型摩托车，按陆军武器局六处要求，还将配备1辆Kfz.12（译者注：一型制式中型越野车）或Kfz.15（译者注：基于制式中型越野车改装的野战通讯车）。

d）由驻圣波尔滕的第33装甲补充训练营（PzErs- u AusbAbt 33）提供5辆"骡子"半履带卡车。

e）维修分队。

f）冬装将不再提供。

g）必须全力保证该连在1944年2月5日前做好开赴前线的准备。

这份备忘录还附有如下内容。

第656重型坦克歼击团还须负责安排如下单位做好战斗及行军准备：

a）第216突击坦克营其余人员装备。

b）1个装备"费迪南德"的连，编制数量为10~12辆。

上级的要求一变再变，这让正在圣瓦伦丁和维也纳开展的车辆

维修工作雪上加霜。尽管尼伯龙根工厂和维也纳军械库不断反馈着各种造成工期延误的问题，但上级还是要求他们尽快完成第 656 团近三分之一车辆的维修工作，这已经远远超出了他们的能力范畴。

包蒙克少校在 1944 年 2 月 2 日再次汇报了维修工作的进展：

目前，已解体 24 辆"费迪南德"，第一批（8 辆）将于 2 月 10 日完成重新组装。后备军武器总监（Chef H. Rüst）此前要求从速修复 1 个连 10~12 辆"费迪南德"的命令，已对维修工作造成严重影响，而将 1 个维修分队调离，与该连一道赶赴前线的做法，则会使维修工作进退维谷，尼伯龙根工厂的交工日期至少会延迟 5 周，1944 年 3 月 31 日前根本无法完成⋯⋯

"费迪南德"和突击坦克维修过程中暴露的种种问题表明，第三帝国的战时经济正在一路滑向崩溃的深渊，其工业体系已经难以为继，负责经济的领导人无计可施，战车设计师们只能因陋就简。无可救药的战势导致第三帝国的军事指挥体系频繁变动，进一步加剧了混乱局面。

1944 年 2 月 15 日，第 653 重型坦克歼击营第 1 连终于得到了 11 辆修葺一新的"费迪南德"，但还差 3 辆才能达到满编状态。除战车外，第 1 连还得到了必要的物资和维修分队。第二天，他们登上火车赶赴意大利战场。第 216 突击坦克营也差不多在同一时间赶往意大利，出于未知的原因，他们的战斗连队由 3 个扩充到 4 个，共装备 57 辆突击坦克。

◀ 翻修后的"费迪南德"自行反坦克炮更名为象式，成排停放在尼伯龙根工厂附近的空地上。相比"费迪南德"，象式加装了一挺用于自卫的 MG 34 机枪，车体表面涂布了防磁涂层

尽管盟军在意大利遭到了德军的顽强抵抗，但他们的陆上和空中力量规模都远超德军，因此驻意德军的日子并不好过，盟军的空中优势成了他们的心腹大患。从盟军在意大利登陆开始，德军就一直在缓慢收缩战线。凯瑟林元帅（*Generalfeldmarschall* Kesselring）指挥德军构筑了多道防线，凭借易守难攻的地形，他们通常会坚守到难以为继的地步，再向后方的预设防线转移。盟军的推进速度异常缓慢，进入山区后更是举步维艰，但他们依然有能力挫败德军大大小小的反攻行动。相比德军，盟军在兵员和装备规模上都呈压倒之势，他们本就实力强大的炮兵部队总能得到稳定且充足的弹药供应。英国皇家空军和美国陆军航空队已经占领了意大利的天空，他们的对地攻击机持续威胁着德意守军。

1944 年 1 月 22 日，为减轻意大利南部进攻行动的压力，盟军在罗马以南的安齐奥开辟了新的登陆场。平添一条战线使德军压力倍增，他们只得继续向意大利增兵。而盟军选择在安齐奥登陆也背负了很高的风险：罗马南部曾经是一片沼泽地，直到 20 世纪 30 年代，当地人新修了一些运河，将海边山区降水汇聚的水源直接引入第勒尼安海（Tyrrhenian Sea）和阿格罗蓬蒂诺（Agro Pontino）一带，沼泽才逐渐干涸，但那里的土壤依然十分松软，春季降雨后总是泥泞不堪。这必然会导致盟军的推进速度大幅降低，当然也不利于德军部署重型防御武器。

凯瑟林只能从胶着的南方战线抽调兵力来增援安齐奥滩头，最初调去的是包括空军"赫尔曼·戈林"伞兵装甲师（*Fallschirmjäger-Panzer-Division* 'Herman Göring'）部分单位在内的空军野战部队（*Luftwaffe-Feldeinheiten*）。3 天后，第 14 集团军换下了这些空军部队。

德军计划在 2 月 10 日发起代号"捕鱼"（*Fischfang*）的反击行动，粉碎盟军在安齐奥的滩头阵地，其进攻核心为第 3 装甲掷弹兵

◀ 来自第 216 突击坦克营的一辆突击坦克，根据与虎式坦克相同的驾驶员观察窗可以判断，这是一辆早期生产型，返回奥地利翻修的多数突击坦克都没有更换动力总成，意大利崎岖的地形进一步增加了它们的动力系统负荷，导致故障频发

▲ 一辆"费迪南德"自行反坦克炮停在罗马城外围的一堵墙下，它的炮管没有用行军固定器固定

师、第 114 猎兵师、第 715 步兵师和"赫尔曼·戈林"伞兵装甲师这 4 个师级部队。这些部队原本都没有坦克，但行动中得到了第 216 突击坦克营、第 301 无线电遥控装甲营，以及第 811、第 813 装甲工兵连（装备"歌利亚"线控爆破车）等集团军直属预备队的支援。

在重新评估形势后，国防军最高统帅部于 2 月 12 日向第 14 集团军拍发了一份电报（摘录自该集团军的战斗日志）：

元首批准于 2 月 16 日发起进攻，不适合飞机出航的天气对我军行动极为有利，务必抓住时机。由于无法在此地投入大量坦克，没必要调集所有坦克……坦克必须留在预备队中，尽力避免盟军反坦克武器集火射击、雷场、反坦克壕和泥泞环境给装甲部队造成损失，我们现已无力承受这种浪费……

2 月 14 日，国防军最高统帅部又拍发电报，要求装备 B Ⅳ 遥控爆破车的第 301 无线电遥控装甲营与装备"歌利亚"线控爆破车的第 811、第 813 装甲工兵连一道行动。

进攻行动在 2 月 16 日早 6 时 30 分拉开帷幕。据战斗日志记载，在短暂的炮火准备后，第 1 伞兵军取得了一定进展，但随后跟进的第 76 装甲军被盟军猛烈的舰炮火力所压制。尽管连续几天没有降雨，但道路两侧依然泥泞不堪。这种情况下，配属第 76 装甲军的突击坦克和遥控爆破车根本派不上用场，纵横交错的排水沟也妨碍了车辆行动。支援力量赶不上来，导致前方的步兵单位独木难支，损失惨重。第 14

集团军在战斗日志中对步兵的拙劣表现表达了强烈不满，在他们看来，"这些人既不会躲避炮火，也不知道怎么对付盟军的狙击手"。

"赫尔曼·戈林"伞兵装甲师只推进了 1 公里便止步不前，行动缓慢的坦克沦为了盟军对地攻击机的"活靶子"。入夜后，盟军又出动轰炸机对德军车队实施了轰炸。

在战斗日志中，德军面临的后勤问题已经初现端倪：

……进攻第一天的弹药消耗量高得出奇，与进攻成果完全不成比例……

而盟军的状况则完全相反：

……我们发现盟军炮兵火力毫无衰减之势，他们进行弹幕射击时可谓肆无忌惮……

总之，德军虽然发起了声势浩大的攻势，但成效远不及预期。

丢掉制空权是最致命的，舰炮的攒射也是德军进攻部队所无法承受的，第 14 集团军 1944 年 3 月 5 日的战斗日志对此概括如下。

……我们可通过目前的战斗总结得出如下结论：

a. 滩头阵地的盟军部队防守意志坚决，在天气转好，后续部队抵

▼ 道旁树不可能完全遮蔽这辆"费迪南德"自行反坦克炮，车组似乎也并不担心漫天梭巡的盟军战机，该车左侧履带的一块履带板已经部分缺损，看来没有对机动性造成严重影响

达后，他们很可能转守为攻……

b. 我军部队在此前几周的战斗中已严重受损……

c. 地形条件极差是本次进攻失败的主要原因之一。我军坦克无法离开公路行动，战斗力受限……只有在地面干燥的情况下，装甲部队才能发挥更大作用，这要等到 3 月 24 日之后……

f. 盟军炮兵实力远胜我军，因此白天不能进攻。我军必须在（月光明亮的）夜晚发动进攻，夜袭能抵消盟军的空中优势……

第 216 突击坦克营在意大利的作战行动

第 216 突击坦克营抵达意大利时共有 57 辆突击坦克、5 辆二号坦克和 3 辆弹药运输车，处于超编状态，因此又组建了第 4 连。1944年 1 月 21 日，第 216 营申请补充弹药，他们需要 150 毫米口径 IGr 38 高爆弹 4500 发、IGr 39（Hl）破甲弹 600 发、配套炮弹引信 5100 个、手榴弹 360 枚、信号弹 2000 发、自毁装置 129 具。参加过安齐奥滩头进攻行动后，该营在 3 月 1 日的战斗力统计情况如下：

第 216 营	突击坦克	四号弹药运输车	三号弹药运输车	二号坦克
额定数量	45+12	6	—	—
可作战数量	28	2	1	4
在修数量（3 周内可修复）	22	2	1	1
除籍数量	7	2	—	—

第 216 营的 18 辆半履带牵引车中只有 10 辆能用，为加强防空实力，上级又调配给他们 2 门四联装 20 毫米口径高射炮、4 门 20 毫米口径 Flak 38 单管高射炮，原来的战斗力统计表中并没有这些武器。在除籍车辆中，有一部分是因瘫痪后无法回收或修复而遭遗弃的。

营长附言如下：

……可作战的突击坦克尚有 28 辆，在战损车辆回收完毕且备件送达后，还可修复更多车辆……

半履带牵引车：盟军火力猛烈，现有牵引车无法在战场上开展武器装备回收工作。

轮式车辆：大众越野车的备件状况尚待确认。

人员：尽管内图诺滩头战事首日有较大伤亡，但士气尚佳，补充人员训练水平较高。

维修条件：维修分队充分发挥作用，正全力工作。如果备件供应充足，我营可自行修复全部受损车辆。

连日大雨，遍地泥沼，德军车辆寸步难行。重型战车无法离开铺装道路行动，因此难以在进攻中展开队形。1944 年 3 月 3 日，为回应第 14 集团军战败后的一再追问，第 216 营营长又提交了一份报告：

我营遵照上级命令，将 2 个各有 10 辆战车的连队分别配属给 2 个装甲战斗群（*Panzerkampfgruppen*），这 2 个战斗群分别由第 508 重型装甲营和第 26 装甲团的坦克组成，第 3 连还派出了此前营里调拨的 4 辆后备车。由舒尔茨上尉（Schulz）指挥的第 3 连目前还有 7 辆突击坦克和 2 辆指挥型突击坦克可用，已赶赴切基娜（Cecchina）支援进攻行动。我营其余单位由我指挥……

2 个外派连的连长已与营部取得联系，距进攻开始还有 3 天时，

▲ 象式回收车的牵引能力很强，足以在坚实的地面上拖曳象式自行反坦克炮，但面对泥泞路况时还是容易陷车，多数德军重型战车在泥沼中都会举步维艰

▼ 下页图：第 654 重型坦克歼击营的"费迪南德"自行反坦克炮和两辆大众 Typ 82 越野车

▶ 宝沃 B Ⅳ B 型遥控爆破车和 Sd.Kfz. 303 "歌利亚"线控爆破车（装汽油机的型号），注意最右侧的 "歌利亚" 装在一辆特制的挂车上，这两型爆破车在理想的作战条件下都能出色发挥，出敌不意更是常有奇效。由于意大利境内地形复杂，个头相对较大的 B Ⅳ 很难派上用场

各排已由排长带领完成战术演练。本人已叮嘱各连连长应如何行事，并向他们强调，无论发生什么事都不要离开公路。我之前曾当面向上级说明情况，解释了突击坦克的作战半径相对较小……我没有参与这次进攻行动的任何筹划和指挥工作。

4 月 1 日，第 216 营战斗力统计如下：

第 216 营	突击坦克	四号弹药运输车	三号弹药运输车	二号坦克
额定数量	45	6	—	—
可作战数量	37	2	2	1
在修数量（3 周内可修复）	10	2	—	3

营长附言如下：

37 辆突击坦克可投入战斗，因缺乏备件，无法修复更多车辆。
特殊问题：
某些消耗量较大的突击坦克备件（例如末级减速器、侧向传动轴等）供应量难以满足需求。

第 301 无线电遥控装甲营

库尔斯克战役结束后，参战的 3 个无线电遥控装甲连全部返回德国本土的格拉芬沃尔（Grafenwöhr）休整补充。这 3 个连并没能在战役期间取得任何决定性战果，发挥的作用相当有限。第 301 无线电遥

控装甲营营长认为，既有引导车（三号突击炮和三号坦克）实力不济是作战不利的主要原因，如果将它们换为虎式坦克，情况就会大为改观。

1943 年 9 月 1 日，德军总参谋部做出如下决定。

关于无线电遥控装甲连的部署问题：

1）总参谋部要求将每月需要组建的无线电遥控装甲连数量减少到 1 个，原决议作废。

2）暂不对第 312、第 313、第 314 无线电遥控装甲连进行重整。（译者注：此处与前文重复，但日期不同）

陆军最高统帅部的看法与部队基本一致，他们在 1944 年 2 月发布了新的 1176f 战斗力统计表，其中规定，每个无线电遥控装甲连编制 36 辆 B Ⅳ 遥控爆破车和 14 辆作引导车用的虎式坦克。随后，第 313 连和第 314 连编入重型装甲营，第 313 连成为第 508 重型装甲营第 3 连，第 314 连成为第 504 重型装甲营第 3 连。

库尔斯克战役结束后不久，第 314 连和第 313 连就被调往法国迈依莱康，而第 312 连则被调往荷兰奥尔德布鲁克，三者均转由第 58 后备装甲军管理。1943 年年末，其余无线电遥控装甲单位悉数被调回德国本土，只有第 311 无线电遥控装甲连继续跟随大德意志装甲掷弹兵师在东线作战，该连在 1943 年 10 月 27 日报告了如下情况：

目前，无法评估无线电遥控装甲连与虎式坦克营的协同作战效果究竟如何。撤退过程中没有开展相关行动的机会，而且虎式坦克的出勤率一直很低。

▲▶ 英军在意大利内图诺附近缴获的宝沃B Ⅳ遥控爆破车，该车隶属第301无线电遥控装甲营，英军将它装到平板车上，准备运回后方做分析，该车的履带可能是在清理雷场时触雷被炸飞了，其车首并没有安装能容纳450千克炸药的炸药箱

　　B Ⅳ遥控爆破车在行军时表现良好，其正常续驶里程为1000公里，行驶里程达到1500公里后，所有车辆依然能保持作战状态。我连的一辆突击炮被迫在远离大部队的地方投入战斗。我连即将划归装

甲团指挥。以下是一些有关我连遥控爆破车的作战行动报告。

第 311 无线电遥控装甲连 1943 年 10 月 25 日：

本报告内容为 8 月 14 日 1 辆 B Ⅳ 在贝尔斯克（Belsk）实施火力侦察和摧毁 1 座桥梁的行动。

1. 任务：1 个无线电遥控装甲排与 1 个掷弹兵排联合对贝尔斯克进行火力侦察。

两个排运动到贝尔斯克以西的林间空地集结。无线电遥控装甲排占据反斜面位置，掷弹兵排在突击炮火力支援下推进到贝尔斯克外围 600 米处。与此同时，3 辆 B Ⅳ 前出侦察，其中 1 辆抵达城镇外围……苏联守军没有及时反应，但掷弹兵遭到了迫击炮和野战炮的猛烈打击。B Ⅳ 投放爆破装置后返回，爆破装置引爆后产生了震撼效果，苏军丧失开火能力 5~7 分钟之久，掷弹兵趁机安全撤回。

战果：圆满完成侦察任务，苏军损失大量人员，摧毁迫击炮和机枪若干。

损失：无。

经验教训：引导车和 B Ⅳ 在集结地就已做好充分准备，确保作战任务顺利开展。每次投入战斗前，至少要进行 6 小时的技术准备。如果行军里程大于 10 公里，或两次任务间隔超过 12 小时，则必须对遥控装置进行调校。这里的地形适合 B Ⅳ 行动，在距目标较近的位置有一处洼地，所有检查工作都在那里完成（耗时 10 分钟）。在平缓的斜坡上，遥控距离可达 1200 米，且不存在弹坑、路堑和植被一类的障碍物。2 辆 B Ⅳ 丧失机动能力，皆为控制器失效所致，其中 1 辆无法接收引导车的指令。

2. 任务：利用 1 辆 B Ⅳ 遥控爆破车爆破丘洛夫德夫特希纳（Cholovdevtshina）的桥梁

预备爆破的桥梁被苏军以密集火力封锁，因此必须用 B Ⅳ 实施爆破。引导车停在反斜面位置引导 B Ⅳ。苏军非常谨慎，但似乎没有意识到遥控爆破车的威胁，B Ⅳ 得以接近桥梁。通过无线电指令投放爆破装置的功能失效，于是直接引爆了爆破装置，车辆报废。

战果：任务完成

损失：无。

经验教训：让引导车在反斜面位置引导 B Ⅳ 前进 500 米，顺利接近目标。苏军虽被惊扰，但没有采取行动。全长 25 米的桥梁被彻底摧毁，包括水面以下的桥墩部分。

东线战局每况愈下，德军不得不将无线电遥控装甲连当作一般装甲单位投入战斗。战场上不会总有为 B IV 量身定制的任务，用它来应急情有可原，但长期将这些特种作战装备和人员投入非专业任务无疑是一种浪费。1944 年 5 月，第 311 无线电遥控装甲连终于离开东线战场，前往艾森纳赫休整。

第 301 无线电遥控装甲营在意大利的作战行动

完成休整后，第 301 无线电遥控装甲营于 1944 年 2 月末赶赴罗马附近的集结场，在第 69 装甲团序列下投入到内图诺滩头阵地作战。他们按照 1171f 战斗力统计表（发布于 1943 年 2 月 1 日）满编了 30 辆三号突击炮和 108 辆 B IV 遥控爆破车（Sd.Kfz.301）。无线电遥控装甲单位的组织架构和引导车的作战方式，在 1943 年年末都发生了改变。库尔斯克战役结束后，德军高层认为有必要换装性能更好的新引导车，替换用三号坦克和突击炮改装的引导车。因此，第 301 营奉命与已经下辖 1 个无线电遥控装甲连的第 508 重型装甲营协同作战。第 14 集团军的战斗日志表明，在 1944 年 2 月 26 日发起旨在清除盟军滩头阵地的总攻前，这些集团军预备队还处于满编状态。然而，第 508 重型装甲营经过山区行军后战斗力骤减，60% 以上的坦克出现机械故障，全部在途中瘫痪。

2 月 27 日，德军高层将总攻日期推迟了两天。29 日，总攻终于如期打响，第 26 装甲团第 1 营营长为此写道：

接团部令后，我营向集结地机动……此前持续降雨数小时……"赫尔曼·戈林"伞兵装甲师装甲团第 3 营告称，由于前几日一直大雨滂沱，战车已无法离开公路行动，他们还提醒我们，不要用遥控爆破车清除雷场，否则会在路面炸出深坑，导致战车无路可走……

当天晚上，该营（装备"黑豹"坦克）派出的先遣队进攻失败，撤回出发位置与后续部队会合。战场地形平坦开阔。先遣队的 4 辆坦克中，1 辆被盟军炮火击中，瘫痪在路口，1 辆触雷后丧失机动能力，余下 2 辆无力继续进攻，因此第 1 营又增派了一个装甲排。最终，共有 6 辆坦克因触雷或中弹丧失作战能力，进攻行动无奈作罢。

这次徒劳无功的夜袭说明，德军的重型战车几乎无法在意大利山区作战。蜿蜒崎岖的山路让德军坦克的末级减速器、履带、转向机构和制动装置都不堪重负，虎式坦克、"费迪南德"自行反坦克炮和突击坦克之流苦不堪言。大量战车出现故障，部队战斗力直线下降，维修、回收和工兵单位则疲于奔命。颇为讽刺的是，地上的德军乱作一团，天上的盟军战机因天气好转而畅行无阻。第14集团军费尽全力也只能将盟军地面部队勉强按在滩头阵地里，但最终还是力有不逮，只得撤向北方建立新防线。

德军针对内图诺和阿普利亚（Aprilia）发动的第三次反攻也失败了，反攻部队又被赶回出发阵地，此后更是无法在战场上大规模投入遥控爆破车。第301无线电遥控装甲营营长赖内尔少校只能多路分兵。

1944年2月29日各连排指挥官行动汇总：

总结第二次阿普利亚之战的经验教训后，我营决定不再维持大型编队，转而将所辖单位拆分为小股部队分头行动。通向阿普利亚的各条道路完全不适合无线电遥控武器集中行动，从2月28日开始，兵力配属情况如下：

第3连的1/3兵力（3辆突击炮和8辆B Ⅳ）配属第715步兵师冯·施耐勒尔战斗群（Kampfgruppe von Schellerer）。

第3连的1/3兵力（2辆突击炮和8辆B Ⅳ）配属"赫尔曼·戈林"

◀ 意大利内图诺附近，来自德国空军野战部队的士兵正从一辆损坏的"费迪南德"自行反坦克炮身旁经过，该车的牵引缆已经连接到牵引环上，德军通常会想尽办法将受损的"费迪南德"拖回后方修理，如果受条件所限无法开展回收工作，车组或回收人员就会做爆破处理

▶ 这辆被德军遗弃的突击坦克的侧裙基本完整，右侧靠前的一块侧裙板被塞进了挂架与战斗室间的空隙里

▲ 上页图：一座意大利城市中，兴高采烈的市民们正围观一辆被德军遗弃的突击坦克，美军士兵在车旁值守，准备随后将它拖往专门存放德军车辆的场地

伞兵装甲师桑德罗克装甲营（PzAbt *Sandrock*）。

第 4 连的 1/3 兵力（3 辆突击炮和 8 辆 B Ⅳ）配属第 26 装甲师施泰格装甲营（PzAbt *Steiger*）。

第 4 连的 1/3 兵力（3 辆突击炮和 8 辆 B Ⅳ）配属"赫尔曼·戈林"伞兵装甲师艾克战斗群（*Kampfgruppe Ecker*）。

第 3 连的 1/3 兵力（战力不详）配属"赫尔曼·戈林"伞兵装甲师福斯特"黑豹"装甲营（*Panther-Abt Förster*）。

按照命令，这些排级无线电遥控分队在随战斗群赶赴阿普利亚途中，每次只将 1 辆遥控爆破车投入战斗。这些 B Ⅳ 的主要任务是探测和清除雷场，而配属第 715 步兵师的 B Ⅳ 从 2 月 28 日开始，将以单车方式开展欺诈行动。拆分后，我将无法直接指挥排级部队作战，但我仍然会为他们的作战行动提供帮助……

第 3 连圆满完成 2 月 29 日的任务。鉴于其他带头进攻的装甲单位均已无法在泥泞道路上继续推进，而 B Ⅳ 无法绕开受困车辆，第 4 连没有投入战斗……

只有第 3 连执行了侦察任务。前方装甲单位均无法推进，挡住道路，早在为第 4 连在防区内分配任务前，道路就已阻塞。直到 2 月 29 日清晨，陷在"坦克丛林"（*Panzerwald*）以东的"费迪南德"和虎式坦克才被大费周章地清理出来，疏通了道路，1 辆 B Ⅳ 得以驶入树林。在 B Ⅳ 清除雷场后，虎式和"费迪南德"却又陷入泥地中，在场军官职级太低，无权下令叫停进攻行动。

1944 年 3 月 1 日，第 301 无线电遥控装甲营战斗力如下：

第 301 营	三号突击炮引导车	三号指挥坦克	Sd.Kfz.301
额定数量	30	2	108
可作战数量	22	2	61
在修数量（3 周内可修复）	5	—	18
除籍数量	—	—	18

赖内尔在个人报告中指出，B Ⅳ 的传动和转向机构在冬季缺乏保暖措施，气温低于 −15 摄氏度时就会失效。在阿普利亚战斗期间，全营共损失 25 人和 18 辆 B Ⅳ。

相对于装甲工兵连的"歌利亚"线控爆破车，B Ⅳ 显得过大过重，在山地机动时不够灵活。因此，无论第 301 无线电遥控装甲营，还是第 504 和第 508 重型装甲营，使用 B Ⅳ 的频率都相对较低。第 14 集团军的战斗日志指出，"歌利亚"在对付盟军占据的建筑物或半埋阵地时都非常有效。

将第 301 无线电遥控装甲营部署在意大利显然是个错误。他们本该在大规模进攻行动中承担支援任务，但意大利的德军无法发起这样的行动。复杂的地形地貌对所有类型的作战行动都形成了掣肘，车辆很难正常行驶到作战地点。引导车在公路上行驶时很容易暴露目标，而离开铺装道路的 B Ⅳ 很容易陷在农田里。相距较远时，很少有操作员能看清农田里的排水沟，这也会影响行动进程。

只要盟军组织有序，并且能得到坦克或炮兵的支援，就能轻易消灭那些正在接近阵地的 B Ⅳ。1944 年 3 月 10 日，第 301 无线电遥控装甲营被调往法国埃特雷帕尼（Etrepagny），划归 B 集团军群第 2 装甲师指挥。

第 653 重型坦克歼击营第 1 连在意大利的作战行动

1944 年 2 月底，第 653 重型坦克歼击营第 1 连抵达意大利，按计划他们应当配备 14 辆"费迪南德"自行反坦克炮，但实际只有 11 辆，其余 3 辆还在圣瓦伦丁等待维修。

2 月 24 日，第 14 集团军将这 11 辆"费迪南德"配属第 508 重型装甲营，支援虎式坦克作战。不久，他们奉命投入在意大利的第一次作战行动，正面进攻盟军阵地。战斗刚刚打响，领队的"费迪南德"就在越过一条小河时瘫痪了，第508营的一辆虎式坦克前去施救，结果自己也搭了进去。随后，又有一辆"费迪南德"触雷瘫痪。盟军持续不断的炮兵弹幕让德军回收单位动弹不得，最终只能对两辆瘫痪的"费迪南德"实施了爆破处理。

遗憾的是，档案上并没有记载"费迪南德"在内图诺的作战行动。在向内图诺发起三次进攻均告失败后，第76装甲军在档案中记载了如下内容：

盟军

盟军在支撑点前布置了带刺铁丝网和雷场，其抵抗行为顽固且强烈……我们希望将盟军赶回初始阵地。

战斗过程

必须守住当前阵地，一旦盟军在局部达成突破，就迅速对其发起反冲击。尽管这场战斗并不是防御战，但必须持续给盟军造成严重损失。

……我军进攻毫无成效要归咎于步兵训练水平不高，以及步兵与重武器、炮兵间的协调情况较差……

1944年3月2日到4日晚间，第69装甲团所辖装甲部队将调往罗马以南及以东的集结地，他们包括：

第301无线电遥控装甲营
第508重型装甲营（包括1个连的"费迪南德"）
第4装甲团第1营
第216突击坦克营

▼ 对装甲车而言，地雷是不容忽视的威胁，图中这辆象式自行反坦克炮在内图诺附近触雷，右侧第一具负重轮受损，尽管修理工作并不复杂，但瘫痪在交战区可能招来敌方的炮兵火力打击

1944 年 3 月 7 日，第 653 营第 1 连提交的战斗力报告如下：

第 653 营第 1 连	"费迪南德"	"费迪南德"回收车	三号弹药运输车
额定数量	14（−3）	1	2
可作战数量	6	1	2
在修数量（3 周内可修复）	4	—	—
除籍数量	—		

营长附言如下：

训练水平：极佳。

官兵士气：极佳。

机动性：内图诺战斗期间，"费迪南德"难以在泥泞地面上行驶，在硬化路面上能正常行驶。

特殊问题：地形问题。

作战效能：非常适合对付盟军坦克和反坦克武器。

第 69 装甲团指挥官附言如下：

该连在短时战斗中展现出极强的战斗力，"费迪南德"的装甲防护力极佳，但故障较多，可能都源于电气设备。

这份报告没有记载"费迪南德"在意大利的战绩究竟如何，有关安齐奥攻势的战斗报告同样没有记载：

3 月 11 日，所有单位向集结场转移（第 301 无线电遥控装甲营调往法国），第 508 营留下一个战斗群在韦莱特里（Velletri）作战。不得不承认，在如此条件下，这些特种作战单位根本无法战斗。

1944 年 4 月 1 日，第 653 营第 1 连又提交了一份新战斗力报告：

▶ 这辆象式自行反坦克炮被美军坦克炮手当成了训练用的靶子，可见其首上部位多次中弹，但没有一发炮弹能击穿装甲板

第 653 营第 1 连	"费迪南德"	"费迪南德"回收车	三号弹药运输车
额定数量	14（−3）	1	2
可作战数量	9	1	2
在修数量（3 周内可修复）	—	—	—
除籍数量	2	—	—

营长在报告中对地形和雷场抱怨颇多，这些不利条件导致"费迪南德"几乎无法行动。更糟的是，"费迪南德"所需的特殊配件难以及时供应，导致维修耗时极长。

德军可以在未来两个月内维持既有战线，这意味着 5 月 20 日前，第 653 营第 1 连的"费迪南德"都能在集结场待命，因此没有产生更多的车辆损失或故障，出勤率得以恢复到较高水平。

第 653 营第 1 连将配属第 508 重型装甲营第 2 连，留在内图诺附近。

第 14 集团军的战斗日志与上文存在出入，其中记载了第 653 营第 1 连配属第 362 步兵师。这些"费迪南德"部署在固定阵位上，用于驱逐进攻的盟军部队。5 月 19 日，9 辆能作战的"费迪南德"离开集结场向南机动，3 天后再次进入防御阵地。

1944 年 5 月 23 日，盟军在开展了猛烈的炮火准备后发起进攻，"皇冠行动"（Operation Diadem）就此拉开帷幕。尽管大举进攻导致盟军损失惨重，但他们成功突破了德军的古斯塔夫防线，逼近内图诺滩头阵地。第 14 集团军的战斗日志记载了如下内容：

1944 年 5 月 23 日

……击退盟军发起的局地攻势，击毁 17 辆盟军坦克，其中 6 辆是"费迪南德"的战果，余下的是牵引式反坦克炮的战果。

1944 年 5 月 25 日

盟军利用水陆两栖车和坦克从西南方发起进攻，第 29 装甲掷弹兵师将其击退……

盟军突围

第 653 重型坦克歼击营第 1 连的战车出勤率一天不如一天。到了 1944 年 6 月，他们每天只能派出 2~3 辆"费迪南德"自行反坦克炮参战。撤退期间，这些"费迪南德"又出现了五花八门的机械故障，让维修和回收分队应接不暇。危急关头，他们只能将抛锚或受损的"费迪南德"就地炸毁。

1944 年 7 月 1 日，第 653 营第 1 连的战斗力统计情况如下：

第 653 营第 1 连	"费迪南德"	"费迪南德"回收车	三号弹药运输车
额定数量	14	1	2
可作战数量	2	1	—
在修数量（3 周内可修复）	1	—	1
除籍数量	—	—	—

此时，受损的"费迪南德"已经悉数遭弃，另有一辆弹药运输车被除籍。营长附言如下：

官兵士气：极佳，信心足，未受撤退影响。

特殊问题：山路多急弯，无法提前熟悉战场地形，给行军带来极大困难，机械故障频发。

机动能力：战线稳定时尚可，撤退时不佳。

作战效能：非常适合对付坦克和步兵重武器，主炮射程远，穿透力强……在山区撤退时完全无法战斗。

第 69 装甲团团长同意第 653 营营长的观点，他也认为"费迪南德"完全无法适应意大利的战场环境，需要将第 653 营第 1 连尽快撤回。

在接下来的几周里，盟军占领了被凯瑟林元帅放弃的罗马，随后继续向北挺进。7 月底，第 653 营第 1 连残部撤退到圣马力诺（San Marino），8 月 5 日启程返回德国。临行前他们只剩下 2 辆"费迪南德"（当时已更名为象式）、1 辆象式回收车和 1 辆三号弹药运输车。

漫漫撤退路

罗马失守后，第 14 集团军在盟军的追击下一路向北退却，所辖特种装甲单位只剩下第 216 突击坦克营。1944 年 4 月 4 日，第 76 装甲军要求包括第 216 营在内的部分单位回撤：

1. 第 216 突击坦克营将于 4 月 5 日以公路行军方式转移至罗马以北 200 公里的比萨（Pisa），作为集团军预备队……
4. 只在晚间行进，每晚行进 60 公里……
5. 故障车将在交通状况允许时回收……
6. 最终将在没有盟军空中威胁的区域建立驻地……
8. 抵达驻地后，必须想方设法提高部队出勤率。如果有必要，"赫尔曼·戈林"伞兵装甲师的维修单位将提供帮助……

1944 年 7 月 1 日，第 216 营的战斗力统计情况如下：

第 216 营	突击坦克	二号坦克	四号弹药运输车	Sd.Kfz.251/8
额定数量	45	5	6	2
可作战数量	6	—	1	1
在修数量（维修时间不超过 3 周）	8	—	—	—
在修数量（维修时间超过 3 周）	7	—	—	—
除籍数量	24	—	—	—

营长附言如下：

战车整备情况：
我营尚有 21 辆突击坦克，其中 6 辆可投入战斗，8 辆短期内可修复，7 辆维修时间较长。
车组训练状况：车组成员作战技能水平优异。
特殊问题：撤退期间回收能力不足，对多数故障车只能做爆破处理。还有 2 辆牵引车可出勤，但作业能力有限。
机动能力：确保出勤。
作战效能：损失较大，作战效能下降。仅存的几辆尚能作战的突击坦克被高层寄予厚望。
官兵士气：极佳。

◀ 德军遗弃在内图诺街头的象式自行反坦克炮,其履带已经断裂,车内还发生过爆炸

1 个月后,第 216 营的武器装备状况依然没能改善,他们驻扎在博洛尼亚(Bologna)以西,等待新战车的到来。所有弹药运输车都已经战损,全营各单位分散在一大片区域里,无法进行战术协同。2 辆丧失机动能力的突击坦克停放在用于保护拉斯佩齐亚港(La Spezia)的马萨防线(*Massa-Riegel*)半埋阵地里。

1944 年 8 月 18 日,第 216 营补充了 10 辆突击坦克,战斗力统计情况如下:

第 216 营	突击坦克	二号坦克
额定数量	45	1
可作战数量	26	—
在修数量	7	—

营长抱怨说,新送来的 10 辆突击坦克基于 5 个不同批次的四号坦克改造而成,进一步增大了备件供应压力。

9 月 16 日,第 216 营再次得到从德国调来的 10 辆突击坦克,可作战的突击坦克数量达到 40 辆,另外还有 6 辆处于维修状态,基本恢复了满编状态。

1944 年 6 月 6 日,盟军在诺曼底登陆后,将主要精力放在了从法国向德国进攻上,一定程度上减小了驻意德军的压力,他们因此守住了哥特防线(*Gothen line*),使盟军没能攻入波河河谷。从 1944 年冬天开始,第 216 营就一直沿着这道德军在意大利的最后防线作战。1945 年春天,盟军再次在意大利发起攻势,不久就涤荡了德军残部,将战火彻底平息。

对德军而言，到 1943 年下半年，东线战场的局势已经无可挽回。苏军从南方多地强渡德涅斯特河（Dniester），突破了德军匆匆构筑的沃坦防线（Wotan），建立起多处桥头堡。12 月，苏军依托这些桥头堡发起总攻，如楔子般插入了德军中央集团军群与南方集团军群之间。历经多次恶战，苏军全面推进到德涅斯特河沿岸，部分部队成功渡河。此时，第 656 重型坦克歼击团已经将那些破烂不堪的"费迪南德"自行反坦克炮和突击坦克送回本土大修。但尼伯龙根工厂正在全力生产四号坦克，几乎无暇他顾，所幸维也纳军械库分担了部分工作。

将快速整备后的第 653 重型坦克歼击营第 1 连调往意大利的做法，打乱了陆军最高统帅部的东线部署计划。德军希望 1944 年 3 月中旬能再将一个连的"费迪南德"送上东线，但即使维修人员全力以赴也不可能实现。3 月 1 日，第 653 营向当时尚未解散的第 656 团团部报告了如下情况。

第 656 重型坦克歼击团：

1）整备工作进度：

截至 2 月 26 日，共修复 8 辆"费迪南德"并送往圣波尔滕，转交第 2 连用于作战和人员训练，校准主炮的工作将在那里进行。其余 25（−4）辆"费迪南德"和 2 辆"费迪南德"回收车均已解体，待到 8 号车间 2 号生产线完成装甲巡道车的总装工作后，将在那里开展装配工作。

尽管第 653 营的全体人员都投入了维修工作，尼伯龙根工厂支援了 93 名熟练工人，又从米劳和慕尼黑分别调来了 30 名和 21 名战

◀ 一辆象式自行反坦克炮的车组成员正在修理左前诱导轮制动装置，这项工作在没有吊车辅助的情况下几乎无法完成，但全营只有一两辆吊车可用，象式的战斗室顶部并不能完全防水，有时还需要罩上防雨布

▲ 装有倍适登（Bilstein）3 吨级旋转吊架的布辛 – 纳格 4.5 吨级运输车（Kfz.100），正在吊起一辆"费迪南德"自行反坦克炮的动力室盖板，"费迪南德"的两台迈巴赫发动机会频繁"开锅"，稍复杂些的修理工作只能在移开动力室盖板后进行

车维修人员，但人手还是不够。为此，还召来了第 654 营维修连那些精通"费迪南德"的专家们协助工作……

　　1944 年 3 月 1 日，第 17 军区装甲部队总长称，由于斯太尔城遭轰炸，暂时无法将此前答应派来运送和清理大型部件的 60 名战俘送至我处……

　　盟军的轰炸导致尼伯龙根工厂唯一一台转运机车损毁，还造成长时间停电，维修工作再次延误，工作人员只能靠加班来赶进度。备件供应状况依旧不容乐观，一批新型动力室散热格栅在铁路运输途中丢失，还要重新定做。手头的几辆"费迪南德"修复后，行走机构备件就会消耗殆尽。营长预计，即使在最乐观的情况下，也只能在 3 月 8 日前修复 8 辆"费迪南德"，其余 19 辆要等到行走机构备件和散热格栅到货后再说。此外，维也纳军械库还停着 4 辆受损严重的"费迪南德"，解体工作尚未开始。

　　1944 年 3 月 1 日，2 辆"黑豹"坦克回收车和 3 辆三号弹药运输车修复下线，维也纳军械库承诺在 3 月 10 日前再修复 2 辆三号弹药运输车。第 653 营得到许可，将之前保存在库默斯多夫的 2 辆"费迪南德"运到维也纳进行翻新和技术改进，随后据为己有。除了这 2 辆"费迪南德"外，他们还向库默斯多夫试验场讨要了 2 辆"配装液力变速器的坦克"，当作牵引车用，但没有留下详细记录，这 2 辆坦克极有可能是配装液力变速器的虎（P）试验型。上级其实没有批准第 653 营使用这 2 辆坦克，因为它们可能根本达不到服役条件。

　　后勤系统的捉襟见肘让第 653 营很难得到新辅助车辆，他们手头的辅助车辆状况普遍很差，能跑的卡车所剩无几，甚至无法维持日常的后勤工作，汽车吊和重型牵引车更是连影子都见不到。他们能做的只有等待。

▲ Kfz.100 的倍适登 3 吨级旋转吊架是一种不可或缺的维修设备，重型坦克歼击营只装备了 1 辆 Kfz. 100 和 1 辆 Sd.Kfz. 9/1，后者是基于 18 吨级牵引车改造的 6 吨级起重机，其产量一直无法满足装甲部队的需求

1944 年 4 月：启程

　　1944 年 3 月，不断挺进的苏军部队已经威胁到铁路运输的关键节点捷尔诺波尔（Tarnopol），为此，德军向北乌克兰集团军群（*Heeresgruppe Nordukraine*，原南方集团军群）增派了 3 个步兵师和 2 个装甲师。而第 653 重型坦克歼击营第 2 连和第 3 连，则作为集团军直属预备队，跟随其他部队参战。

　　第 653 营第 2、第 3 连于 4 月 8 日抵达捷尔诺波尔以西约 30 公里的布列赞尼（Brezany），他们当时的战斗力统计情况如下：

◀ "骡子"半履带运输车为一辆"费迪南德"自行反坦克炮运来了燃料和弹药，注意"费迪南德"的战斗室正面喷涂有第653重型坦克歼击营的营徽，无论地形有多复杂，"骡子"都能恪尽职守地将后勤物资送到前线官兵手中

第 653 营第 2 连和第 3 连	"费迪南德"	"费迪南德"回收车	"黑豹"坦克回收车	三号弹药运输车
额定数量	31	2	2	4
可作战数量	30	2	1	2
在修数量（3 周内可修复）	1 辆仍在奥地利		1	2

　　每连各装备 14 辆"费迪南德"自行反坦克炮，其余 3 辆备用。

　　此时，第 653 营依然严重缺乏辅助车辆，由于赴意大利作战的第 1 连带走了不少乘用车和卡车，他们的弹药、燃料和备件运输车队都没能组建起来。

第 653 营原本需要 29 辆半履带牵引车，但只有 22 辆到位。由于缺乏运输车，他们只能利用一部分半履带牵引车在战线与驻地间往返运输弹药和燃料，这导致能用于回收作业的车辆进一步减少。

第 653 营的起重设备也严重不足。除了不能随意移动的龙门吊外，能自行机动的起重设备就只有 6 吨级 Sd.Kfz.9/1 半履带吊车和 3 吨级 Sd.Kfz.100 汽车吊各 1 辆，根本无法应付繁重的维修任务。除了起重设备外，维修连不可或缺的电焊设备也没有到位，回收和维修工作都面临极大困难。

4 月中旬，党卫军第 9 装甲师和第 311 突击炮旅的部分单位组成战斗群，推进到捷尔诺波尔以西 20 公里的科索瓦（Kozova），多次向捷尔诺波尔发起攻击，企图突破包围圈。倾盆大雨打断了他们的攻势，遍地的泥沼使车辆无法行动。如此条件下，苏德双方都无法渡过斯特莱帕河（Strypa）。

党卫军第 2 装甲军的战斗日志记载，他们在 1944 年 4 月 17 日击退了苏军的两次攻势。他们本想用一个连的"费迪南德"进攻战略重镇西马科夫采（Siemakovce），但碍于交通不畅，"费迪南德"无法赶来，计划只得作罢。战斗日志还记载，那里的德军师级部队（第 1、第 7、第 16 装甲师）都已经疲惫不堪，仅有的预备队是来自第 19 装甲师的一个战斗群。

4 月 24 日，上级下令再次进攻西马科夫采，进攻部队由侦察兵和掷弹兵组成，有 9 辆"费迪南德"和 2 辆突击炮支援。经过两天苦战，4 月 26 日清晨，德军最终肃清了西马科夫采的苏军突出部。

随后，苏军又越过斯特莱帕河发起多次攻势，但全部被德军击退。"费迪南德"的强大火力在防御战中发挥了关键作用，苏军因此将坦克都撤了下来，以大量反坦克炮和野战炮取而代之。部署在半埋阵地里的苏军火炮重创了多辆"费迪南德"，导致维修和回收单位压力骤增。尽管损失不小，但第 653 营面前的战线总算是暂时稳定了。

"费迪南德"无法渡过斯特莱帕河，但足以阻挡苏军过河。其他防段的德军渐渐不支，纷纷撤退，第 653 营的防段很快就成了一个突出部。

布塞将军（Busse）在视察前线时批评了第 1 集团军：其他军级或集团军级集群都能扼守平均宽度为 23 公里的战线，而第 1 集团军的战线只有 12 公里宽。由于苏军很可能大举反攻，布塞要求第 1 集团军早做准备。

4 月 30 日，第 100 步兵师在"费迪南德"的支援下发起了一次局地进攻行动。

1944 年 5 月

1944 年 5 月，第 653 重型坦克歼击营面临的状况进一步恶化，结构复杂的"费迪南德"自行反坦克炮机械损耗严重，出勤率不断降低，起码一半处于短期维修状态，还有 60% 的 18 吨牵引车处于瘫痪状态。

从他们的战斗力报告上看，大部分"费迪南德"都需要维修，这似乎已经相当糟糕了，但某些兄弟部队的状况其实更糟：1944 年 10 月 1 日，第 508 重型装甲营的 45 辆虎式坦克中只有 15 辆能作战；1944 年 8 月，第 13 装甲师只有 45% 的四号坦克能正常行动，技术上更先进的"黑豹"坦克也没好到哪儿去；1944 年 8 月 1 日，第 4 装甲师只有 50% 的中型坦克能出勤。

70 吨的"费迪南德"给第 653 营第 2 连、第 3 连的维修和后勤人员带来了沉重负担。他们的"黑豹"坦克回收车和"费迪南德"回收车都没有装绞盘，无法将瘫痪的"巨象"从乌克兰的泥沼中拖出来。Sd.Kfz.9 重型半履带牵引车倒是装了绞盘，但单车功率不足，需要 4 辆一起发力才能拖救 1 辆"巨象"。

▲ 第 653 重型坦克歼击营在 1944 年 8 月撤出前线后，辗转到喀尔巴阡山区的集结场，他们在那里尽力对尚存的一些"费迪南德"自行反坦克炮进行了修理和维护

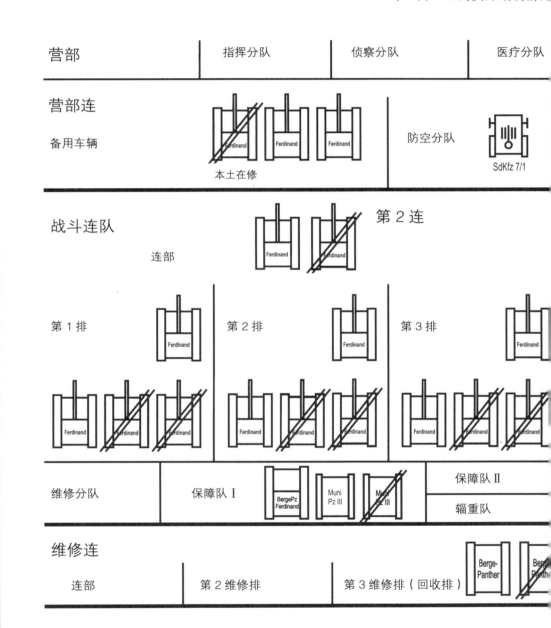

第 653 重型坦克

1944 年 5 月 1 日的实际编制情况

营部 | 指挥分队 | 侦察分队 | 医疗分队

营部连
备用车辆

Ferdinand　Ferdinand　Ferdinand

本土在修

防空分队

SdKfz 7/1

战斗连队

连部

Ferdinand　Ferdinand　第 2 连

第 1 排　Ferdinand

第 2 排　Ferdinand

第 3 排　Ferdinand

Ferdinand　Ferdinand　Ferdinand

Ferdinand　Ferdinand　Ferdinand

Ferdinand　Ferdinand　Ferdinand

维修分队 | 保障队 I | BergePz Ferdinand　Muni Pz III　Muni Pz III | 保障队 II
| | | 辎重队

维修连

连部 | 第 2 维修排 | 第 3 维修排（回收排） | Berge-Panther　Berge-Panth

歼击营编制情况

（仅列出战斗车辆和装甲车辆）

SdKfz 251/8	食品补给分队	管理分队	辎重队
	通讯分队	工兵分队	辎重队
	维修分队	后勤分队	保障队

第 3 连

连部　Ferdinand　Ferdinand

第 1 排	第 2 排	第 3 排
Ferdinand	Ferdinand	Ferdinand
Ferdinand　Ferdinand　Ferdinand	Ferdinand　Ferdinand　Ferdinand	Ferdinand　Ferdinand　Ferdinand

维修分队	保障队 I	BergePz Ferdinand　Muni Pz III　Muni Pz III	保障队 II
			辎重队

军械士官	无线电设备维修分队	补给队

后勤分队	在修	除籍

第 653 营营长格力伦贝格上尉（Grillenberger）在战斗力报告的附言中抱怨道：

训练水平：

训练水平良好，我营有 30% 的兵员是从 1941 年开始就在东线作战的老兵，还有 50% 是 1943 年入伍的，他们也经过了一年的磨砺。还有 20% 是没上过战场的新兵。

官兵士气：

官兵战斗热情高涨，所有人都想与敌人的坦克真刀真枪地较量一番。

特殊问题：

"费迪南德"全重过大，动力系统复杂，存在许多问题。技术问题让车组和维修人员焦头烂额，维修单位缺少的吊车和焊接设备也得不到补充。由于在意大利的战斗群占用了 17 辆重型卡车、1 辆"骡子"半履带卡车和 4 辆大众越野车，运输弹药和燃料只能依靠半履带牵引车。医疗、通讯和维修单位的车辆大多已丧失机动能力，而备件供应又毫无保障。上级还要求我营上交一部分大众越野车，另作他用，更是加剧了运力短缺问题……

签名 格力伦贝格

1944 年 5 月 3 日，第 1 装甲集团军上报称，他们摧毁了大量苏军武器装备，包括 129 辆坦克、14 辆突击炮、13 辆自行反坦克炮、140 门野战炮和 201 门反坦克炮（译者注：这里的突击炮和自行反坦克炮指苏军的多型自行火炮）。其中大部分是第 653 营的战果，但具体数量不得而知。因此，我们无法解答第 653 营取得的战果是否与他们付出的巨大努力相称。

"费迪南德"的战斗潜力很高，它的装甲几乎坚不可摧，但动力系统却异常孱弱。与它正面交火是不明智的，无论对付单车还是编队，都最好采用侧面包抄的方式。苏军在摸清"费迪南德"的强弱项后，反复采用侧面包抄的方式对付它，偶尔能取得一些战果。

出人意料的是，第 88 重型坦克歼击营的前成员、代理下士霍夫曼（Hoffman）对"费迪南德"却没什么好印象。战争期间，他是"大黄蜂"自行反坦克炮（*Hornisse Panzerjäger*, Sd.Kfz.164）的驾驶

▲ 一名车组成员正将一枚炮弹从象式自行反坦克炮战斗室后部的小舱门递入车内，工具箱和备用履带此时已经移到车尾固定，以免在炮击中受损

▶ "费迪南德"自行反坦克炮的动力室空间非常狭小,不移开动力室盖板几乎无法开展维修作业,图中的维修人员正在用3吨级汽车吊拆移"费迪南德"的两组动力总成中的一组(一组动力总成指1台迈巴赫汽油机+1台发电机)

员。1944年年中,第88营曾在伦贝格(Lemberg,今乌克兰利沃夫)作战。战后,霍夫曼回忆了自己的所见所闻:

我从没见过那些保时捷战车,前线的每个人都在谈论它,称它是奇迹武器,甚至比虎式坦克还强大……但我们营长还是偏爱炮管更长的"大黄蜂",我们打得相当不错。营长嘲笑那大家伙"肥得跑不动,笨得转不过弯,简直就是个垃圾"。

5月11日,第653营接到调令,从科索瓦向日波列夫(Zborev)转移。尽管路程只有15公里,但碍于"费迪南德"又大又重,还是需要仔细规划行动路线。初夏时节气温升高,很多"费迪南德"都耐不住发动机过热的折磨,瘫痪在路上。唯一值得欣慰的是,4—5月,第653营第2、第3连没有一辆"费迪南德"除籍。5月底,德军正式决定将"费迪南德"更名为象式。

1944年6月

1944年6月1日,第653重型坦克歼击营第2、第3连状态良好,此时的前线相对平静,加之有斯特莱帕河这道天然屏障,他们的防御压力并不大。全部31辆象式自行反坦克炮中,只有3辆还处于维修状态,其余装甲支援车辆也都能正常出勤。

1944 年 5 月，在连长带领下，第 653 营维修连改造出一些独一无二的战斗车辆。

为拖救那些百病缠身的"巨象"，第 653 营回收分队装备了 10 辆 18 吨牵引车（Sd.Kfz.9），以及象式回收车、"黑豹"坦克回收车各 2 辆。他们的"黑豹"坦克回收车没有装 40 吨绞盘，只能靠自身动力拖曳故障车，很难将陷入淤泥中的"巨象"救上来，因此派不上什么大用场。

然而，"黑豹"坦克回收车的机动性又是出类拔萃的，于是，维修连官兵发挥聪明才智对它进行了改造。他们为其中一辆"移植"了四号坦克的炮塔（源自第 19 装甲师的战损车），但大概率没有一道"移植"炮塔环，因此炮塔可能是固定在车体上的。从战斗力报告上看，这辆"缝合怪"的 75 毫米口径 KwK 40 炮是可以开火的。第 653 营的官兵们称它为"黑豹指挥坦克"（Befehls-Panther），显然，它的实际作用与主炮能不能开火关系并不大。

另一辆"黑豹"坦克回收车装上了一门 20 毫米口径 Flakvierling 四联装高射炮，这门炮原本是牵引式的，是第 653 营装备的 3 门同型高射炮之一。7 月 1 日，这辆防空坦克正式成为第 653 营的在册装备。

与许多兄弟单位一样，第 653 营也能将缴获的苏军车辆物尽其用。他们回收了 2 辆 T-34 坦克，将其中一辆改造为弹药运输车，用来顶替 5 月时除籍的一辆三号弹药运输车。另一辆被他们巧妙地改造成与那辆"黑豹"异曲同工的防空坦克，也塞进了一门 20 毫米口径 Flakvierling 四联装高射炮，加装了用废钢板焊成的敞顶炮塔。

▼ 一座小村落中蓄势待发的两辆象式自行反坦克炮，这种重型战车很容易被飞机发现，但苏军战机的大口径机枪根本无法击穿它们的装甲

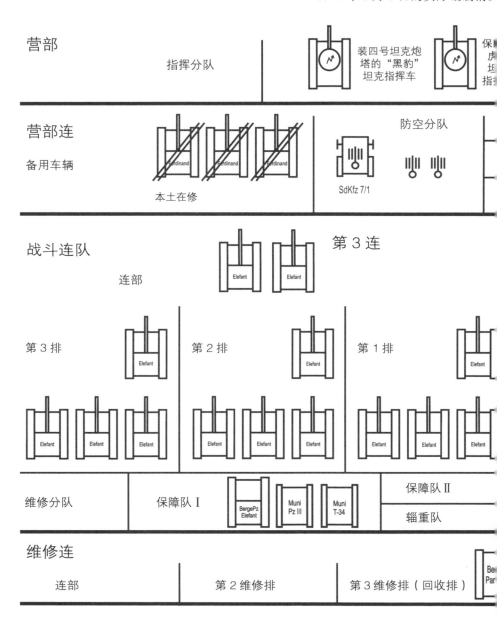

第 653 重型坦克

1944 年 6 月 1 日的实际编制情况

营部

指挥分队

装四号坦克炮塔的"黑豹"坦克指挥车

营部连

备用车辆

防空分队

Ferdinand　Ferdinand　Ferdinand

本土在修

SdKfz 7/1

战斗连队

连部

Elefant　Elefant

第 3 连

第 3 排

Elefant

第 2 排

Elefant

第 1 排

Elefant

Elefant　Elefant　Elefant

Elefant　Elefant　Elefant

Elefant　Elefant　Elefant

维修分队

保障队 I

BergePz Elefant　Muni Pz III　Muni T-34

保障队 II

辎重队

维修连

连部

第 2 维修排

第 3 维修排（回收排）

歼击营编制情况

（仅列出战斗车辆和装甲车辆）

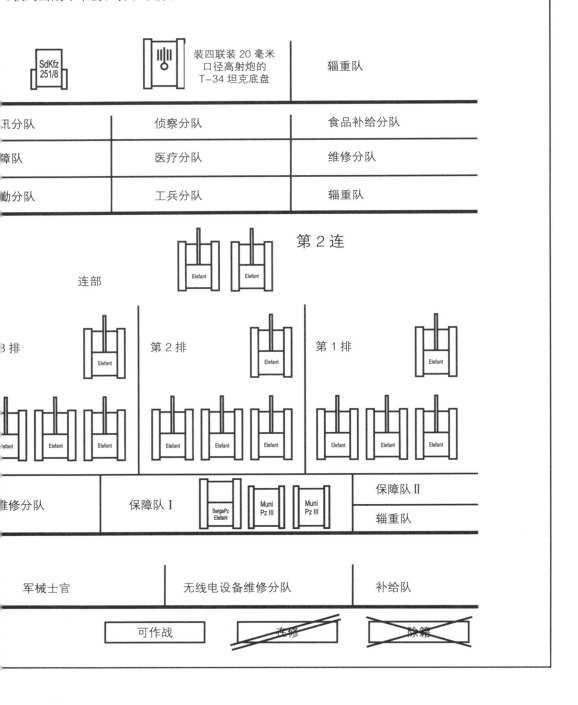

SdKfz 251/8	装四联装 20 毫米口径高射炮的 T−34 坦克底盘	辎重队
讯分队	侦察分队	食品补给分队
障队	医疗分队	维修分队
勤分队	工兵分队	辎重队

第 2 连

连部

3 排　第 2 排　第 1 排

Elefant

维修分队　保障队 I　BergePz Elefant　Muni Pz III　Muni Pz III　保障队 II　辎重队

军械士官　无线电设备维修分队　补给队

| 可作战 | 在修 | 除籍 |

► 1944 年 5 月，"费
迪南德"自行反坦克
炮正式更名为象式，
注意喷涂在战斗室正
面的第 653 重型坦克
歼击营营徽

5 月底，第 653 营又接收了一辆来自本土的"改装车"：1942 年，在德军决定停产保时捷虎式坦克后，一些已经完工的保时捷虎式被送到补充训练单位，用于训练坦克车组，其余的则留下做进一步测试。1944 年，上级决定将一辆保时捷虎式移交给第 653 营，作指挥车用。尼伯龙根工厂对这辆车进行了改装，用迈巴赫水冷发动机替换了保时捷风冷发动机，在车体正面螺接了厚达 100 毫米的附加装甲板，还涂布了防磁涂层。改装完成后，这辆车被送往东线。

格力伦贝格上尉在 1944 年 6 月 1 日的战斗力报告中附言如下。

训练水平：
训练水平良好，在新分配的军官、士官到岗后还会进一步提高。

官兵士气：
战斗热情饱满，大家都渴望与苏军装甲部队交战。

特殊问题：
占维修连作业能力 70% 的维修 1 分队，以及 6 吨级 Sd.Kfz.9/1 吊车目前都不在东线，现只有 1 台 3 吨级 Kfz.100 汽车吊和 2 台龙门吊，作业能力不足，无法全面开展维护与修理作业。焊接设备不足，进一步影响作业能力。新补充的焊接设备质量不佳，使用两天后即告瘫痪，且无法修复，只有等到 2 台电焊设备到位后，才能处理苏军炮火造成的损伤，以及亟待处理的一些焊接任务。已要求调配新备件，但至今尚未送达我处。如果备件无法及时补充，则我营战备出勤率将急剧下降。后勤分队的重型卡车目前仍在随意大利战斗群作战，我营急需重型卡车来运输弹药、燃料和备件……我营运力严重不足。

机动能力：
补足重型卡车后，我营可恢复全部机动能力，当前仅能实现 75% 的机动能力。

作战效能和可行措施：
每次发起进攻行动前都要妥善考虑上述问题。

签名 格力伦贝格

此时，德国有限的军工产能几乎已经被漫漫无期的战事榨干了，

就连第 653 营这样的精锐部队都得不到正常的备件、物资和车辆供应。整个 6 月，第 653 营第 2、第 3 连只有 2 人阵亡。

1944 年 7 月

6 月底，第 653 重型坦克歼击营第 2、第 3 连在组织架构上进行了一些微调，又有 4 辆修复的象式自行反坦克炮从本土送来，原有的预备队被解散，新组建了一个由 6 辆象式和 1 辆 T-34 弹药运输车组成的反坦克分队。用"黑豹"坦克回收车改造的防空坦克分配给了作战指挥分队。

此时，第 653 营主力部队共有 34 辆象式，相比战斗力统计表的规定，还超编了 3 辆，战备出勤率也很理想，只有 6 辆还需要短期修理。

格力伦贝格在 1944 年 7 月 1 日的战斗力报告中记录了如下内容：

▶ 开阔、无树的乌克兰大草原其实是不适合装甲部队作战的，即使在夏季，一场豪雨也会将草地变成沼泽，图中这两辆象式自行反坦克炮陷入了深不见底的泥潭中，如果回收分队无法将它们拖出，就只能就地销毁

训练水平：

各连无法在 6 月 28 日前完成所有训练科目，但工兵技能训练均已完成。由于缺乏燃料，尚不能开展战车操作训练，以需要全体军官参加的兵棋推演代替……总之，我营训练水平尚可。

官兵士气：

官兵渴望参加决定性战斗。

特殊问题：

维修分队的起重机（Sd.Kfz.9/1）和后勤分队的卡车仍在意大利，至今尚未归队，这些车辆对维持作战状态至关重要。

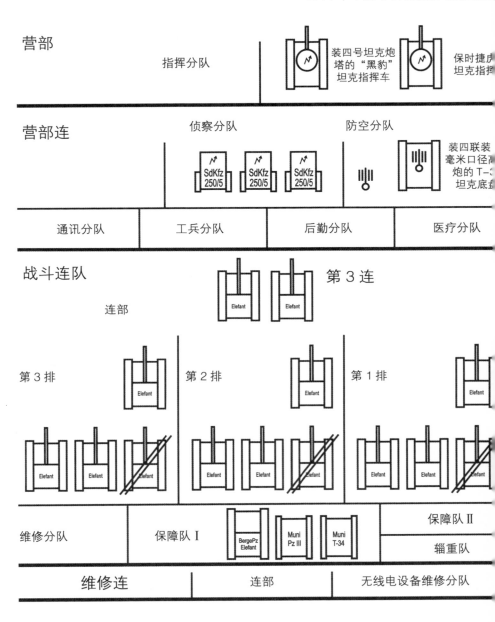

歼击营编制情况

（仅列出战斗车辆和装甲车辆）

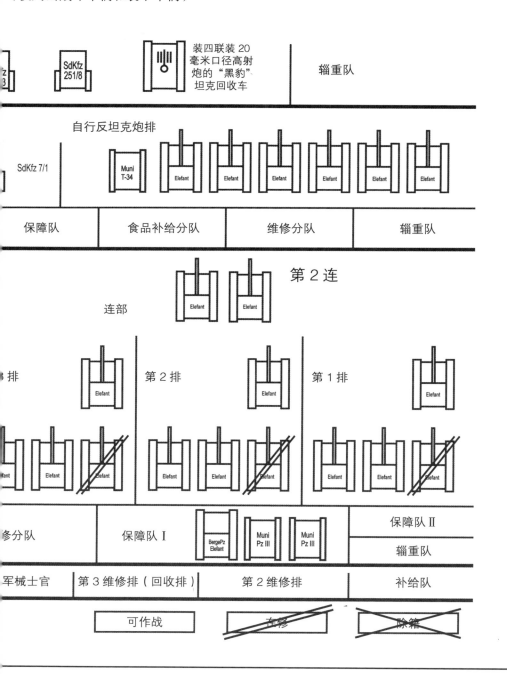

机动能力：
仅能实现 75% 的战术机动能力。

作战效能和可行措施：
尽管存在上述问题，但仍可随时投入进攻行动。

签名 格力伦贝格

差劲儿的后勤状况依旧影响着第 653 营的战备出勤率。除了备件和弹药外，营里的燃料储备也已经告急。显然，他们想要为即将到来的大战储备一些物资，但后勤状况并不允许。

相对平静的战场态势维持了大约两个月。进入 7 月，第 653 营可谓祸不单行。7 月 19 日，苏军发起大规模进攻，从克奥提科夫（Czortkov）向罗加京（Rohatyn）穿插，绕过第 17 装甲军，直接威胁第 48 装甲军。与此同时，北乌克兰集团军群紧急以第 653 营、第 506 重型装甲营，以及第 300、第 311 突击炮旅组建起重型反冲击战斗群（schwere Eingreiftruppe）。战斗群守住了阵地，击退了苏军的攻势，象式凭借强大精准的火力又给苏军好好上了一课。

苏军最终还是突破了北侧的阵地，楔入第 1 装甲集团军与第 4 装甲集团军之间，直逼伦贝格。北乌克兰集团军群指挥部被迫撤出，向西转移至兰茨胡特（Landeshut）。

第二天，苏军部队挺进伦贝格，即将包围重型反冲击战斗群。当时，第 506 营正在更靠北的地方作战，守在罗加京与布列赞尼之间的只有第 653 营，经过惨烈的战斗，他们保住了阵地。象式的机动速度本就缓慢，来到泥地上更加剧了这一问题，发动机只要出现一点儿毛病就会过热，进而导致整车瘫痪。在这种危急形势下根本无法对故障车实施回收，为防止象式被苏军缴获，车组只能做爆破处理。

尽管形势危殆至此，上级仍然不允许重型反冲击战斗群向西撤退。7 月 21 日，为支援伦贝格的进攻行动，苏军选择向北穿插，暂时减轻了第 653 营的防御压力。

在发现北乌克兰集团军群总部已经转移后，苏军转而向兰茨胡特发起进攻。伦贝格也即将被苏军占领，他们从东向威胁着第 653 营的后方。7 月 22 日，在全面占领伦贝格后，苏军开始在东侧和北侧"造口袋"，合围德军残部。

7 月 24 日，北乌克兰集团军群的北段战线已经全部失守。次日，苏军再次逼近兰茨胡特，而重型反冲击战斗群仍然被困在伦贝格以东

的战线上。

　　到 7 月 27 日，第 653 营的象式一直扼守这段战线，尽管能作战的已经所剩无几，但火力依然强大。在苏军进一步收缩包围圈后，上级允许第 653 营向西转移，随后准备撤退。

1944 年 8 月

　　1944 年 8 月 1 日的战斗力报告表明，第 653 重型坦克歼击营第 2、第 3 连 7 月的武器装备损失情况异常严重。他们费尽全力也只保住 12 辆象式自行反坦克炮，而且都需要修理。损失的 21 辆象式和 1 辆保时捷虎式坦克指挥型，多数是在丧失机动能力后被车组自毁的。

　　相比之下，他们当月的人员损失倒是出奇的少，只有 5 人阵亡，另有 1 名军官、19 名士官和士兵负伤。这进一步证明了多数象式并不是在战斗中受损的。

　　营长在战斗力报告中附言如下：

▲ 象式自行反坦克炮的 88 毫米口径炮射击精度颇高，穿甲性能也出类拔萃，是第二次世界大战期间最好的反坦克武器，图中这辆 ISU-152 自行反坦克炮是被第 653 重型坦克歼击营的象式击毁的，注意其战斗室正面的孔并不是弹孔，而是手枪射击孔

▼ 下页图：象式自行反坦克炮的车组正在用清洁杆（Rohrwischer）清理 88 毫米口径反坦克炮的炮膛，这种大威力火炮让苏军很是忌惮，第 653 重型坦克歼击营在防御战中以微乎其微的人员和装备损失守住了阵地

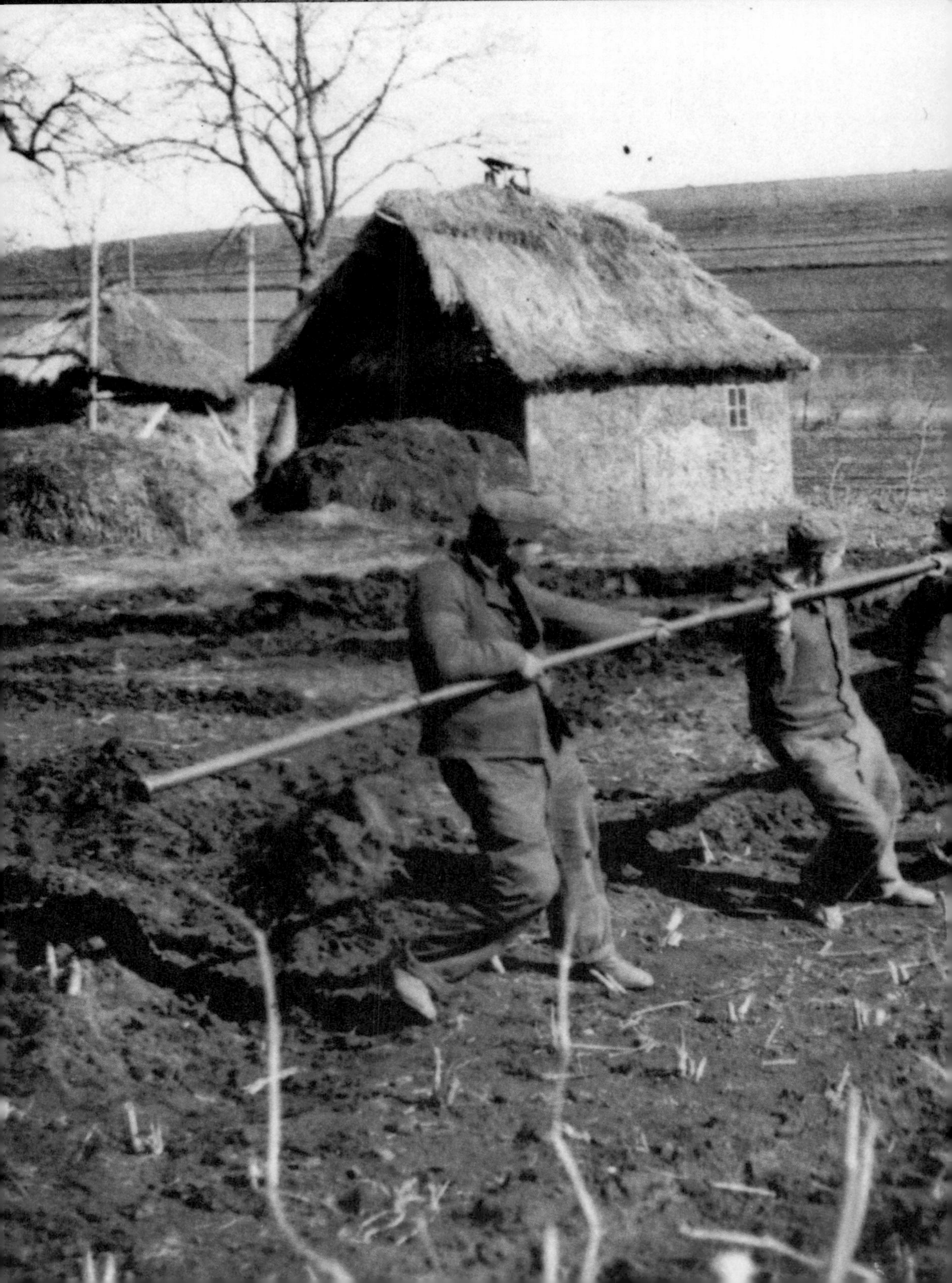

▲ 一辆象式自行反坦克炮指挥型，战斗室后部右上角的基座上装有指挥天线，拆分后的炮膛清洁杆收纳在车尾排风罩上部的大型工具箱里

训练水平：

无论从哪方面审视，训练水平都是较高的。源自先前战斗的经验教训，在大型作战行动日（Grosskampftage）中得到了充分检验。仅有的困难是，上级未考虑（象式）自行反坦克炮的作战原则，一味要求我营坚决回击苏军。在战车维修期间，我营所辖部队均按规定完成了训练……如果为我营配发其他型号战车，则多数人员都需要重新培训……

官兵士气：

官兵们并不理解为什么采取当前的作战方式，这让发动机不堪重负……

可作战的象式越来越少，撤退期间，我营部分人员被当作步兵委以防守任务，他们对此怨声载道……车组成员战斗时意志坚决，但他们认为自己不应当被错误地当作步兵投入战斗，他们想得到新造的或修复的战车，与战车相伴投入战斗……

特殊问题：

维修分队依然没有吊车（Sd.Kfz.9/1），由于弹药和燃料消耗量很大，他们的 17 辆卡车被抽调去执行运输任务，这对维修工作影响很大。目前无法开展铁路运输，因此难以组织后卫力量阻滞敌军追击。回收一辆象式要动用 4 辆重型半履带牵引车，且牵引距离不能过远。在敌火力威胁下或路桥损坏时，回收作业更是难以为继。维修工作受故障车回收不利影响，进展愈发缓慢，大量瘫痪的象式尚未拖回维修分队驻地，备件也严重短缺……

营长再次请求为他们配发新战车：

如果新型重型自行反坦克炮（指"猎虎"坦克歼击车）尚未投产，则请为我营配发虎式坦克，为此我营必须开展为期 3~4 周的培训。

机动性：

如果不计算在修车辆，则我营能实现 80% 的战术机动能力。

▼ 象式回收车虽然动力强劲，但没有配备绞盘，在解救深陷泥沼的车辆时只能"生拉硬拽"，这样一来就很容易导致传动机构出故障

第 653 重型坦克

1944 年 8 月 1 日的实际编制情况

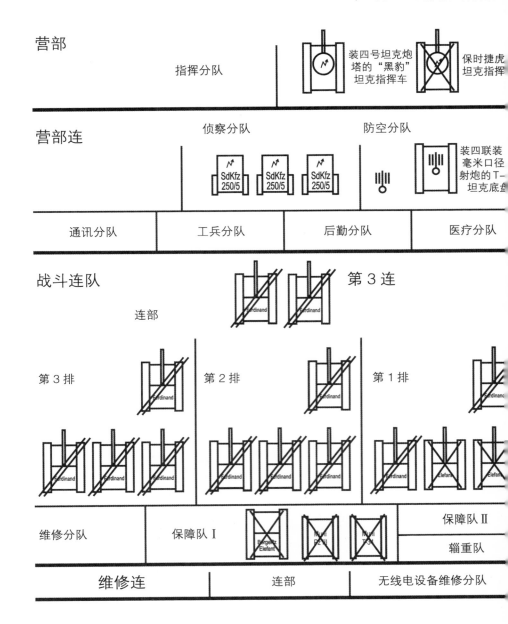

营部

指挥分队

装四号坦克炮塔的"黑豹"坦克指挥车

保时捷虎捷虎坦克指挥

营部连

侦察分队

防空分队

SdKfz 250/5　SdKfz 250/5　SdKfz 250/5

装四联装毫米口径射炮的 T— 坦克底盘

通讯分队

工兵分队

后勤分队

医疗分队

战斗连队

第 3 连

连部

第 3 排

第 2 排

第 1 排

维修分队

保障队 I

保障队 II

辎重队

维修连

连部

无线电设备维修分队

歼击营编制情况

（仅列出战斗车辆和装甲车辆）

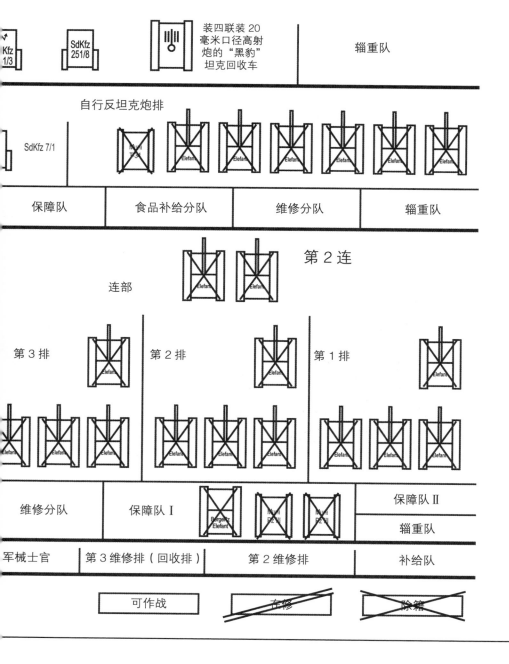

▶ 三号弹药运输车是利用翻修的三号坦克车体改造的。第653重型坦克歼击营装备了一些三号弹药运输车，用它们向前线运送重要物资

作战效能和可行措施：

在补充新造或翻新战车，并得到后勤物资和维修设备后，我营随时可执行进攻任务。

签名 格力伦贝格

这份战斗力报告实际上表明第653营基本丧失了作战能力。第2连将重装备都留在了东线，返回德国法令博斯特尔（Fallingbostel），

与从意大利撤回的第 1 连会合，等待配发更强大的"猎虎"坦克歼击车。

东线仅存的 12 辆象式被集中到第 3 连，这些战车都需要大修。

8 月 2 日，第 653 营再次击退了苏军的攻势，据第 1 装甲集团军的战斗日志记载，当时大雨倾盆，受损的象式寸步难行，多数车辆都因燃料耗尽、缺乏备件或无法回收等原因而被就地爆破。

8 月 4 日，上级要求第 653 营大部向伦贝格以西 150 公里的克拉科夫（Krakov）转移，并在那里维修战车。鉴于所需备件要用卡车从

▲ 将受损的象式自行反坦克炮拖上铁路平板车本就很困难，在没有端式装车斜坡台的情况下，则会难上加难。这幅照片中，一辆"黑豹"坦克回收车正将一辆履带断开的象式拖上站台

奥地利运到波兰，维修工作不可能很快完成。在从奥地利运来 2 辆象式后，第 653 营第 3 连的象式数量上升到 14 辆。随后，他们在克拉科夫以南加入防线。

第 653 营的东线残部被当作"消防队"呼来喝去，不停地奔波辗转让状况本就堪忧的象式濒临崩溃，而维修和回收工作还是一如既往的困难重重。1944 年 12 月中旬，在第 653 营重组并换装"猎虎"后，第 3 连被剥离出来，改编为第 614 独立重型坦克歼击连（*schwere Heeres Panzerzjägerkompanie* 614），当时他们手里能作战的象式已经不足 10 辆，不可能按营级建制重组。

1945 年 2 月 25 日，在一份有关柏林城防准备情况的元首简报中，装甲兵总监提到了第 614 连：

b）位于斯坦斯多夫（Stahnsdorf）的第 614 独立重型坦克歼击连：

战车实际数量：2 辆象式，均在维修中，所需配件已由卡车运出。鉴于西线没有"猎虎"（装保时捷悬架）所需配件，无法维修，已要求将这些"猎虎"转送该部。

1945 年 2 月 26 日的一份清单显示，第 614 连将混编"猎虎"与象式，预计于 4 月 10 日恢复战斗力。我们目前并不清楚上级承诺的"援军"是否按时加入了第 614 连。在东线战事的最后阶段，他们的象式曾在柏林以南的措森（Zossen）和文斯多夫（Wünsdorf）战斗。

1945 年 3 月 31 日，一份电报显示，德军要求库默斯多夫和贝尔卡的两个试验场利用手头的试验车各组建一个装甲连，这是保时捷一系战车最后一次出现在官方文件上。库默斯多夫装甲连所辖车辆型号可谓五花八门：

▲ 221 号象式自行反坦克炮的车组正帮助维修连人员修理受损的负重轮组，旁边有一具待安装的备用负重轮

2 个装甲排（只有部分车辆有机动能力）

1 辆虎 Ⅱ 坦克

1 辆"猎虎"坦克歼击车

4 辆"黑豹"坦克

2 辆四号坦克（长身管型）

1 辆三号坦克（装 50 毫米口径 L/60 炮）

1 辆 Sd.Kfz.164"犀牛"自行反坦克炮

1 辆 Sd.Kfz.165"野蜂"自行榴弹炮，装三联装 20 毫米口径 MG 151/20 机炮

▲ 低空游猎的苏军战机一直威胁着德军装甲部队，图中这辆象式自行反坦克炮就遭到了一轮扫射，但它毫发无损，可见后面的房子被曳光燃烧弹点燃了，画面近处的大众 Typ 166 水陆两用越野车是很多装甲部队的常见装备

2 辆"谢尔曼"坦克（长身管型）

1 个侦察排：
1 辆四轮装甲车（装 75 毫米口径 KwK L/24 炮）
1 辆四轮装甲车（装 20 毫米口径机炮）
1 辆缴获的装甲车（装双联装机炮）
1 辆 B Ⅳ C 型遥控爆破车（装 20 毫米口径机炮）
2 辆 B Ⅳ C 型遥控爆破车（装机枪）

1 个装甲排（无机动能力）：
1 辆保时捷虎式坦克（装 88 毫米口径 L/70 炮）
1 辆斯太尔武器运载车（装 88 毫米口径 L/70 炮）
1 辆意大利 P 40（i）重型坦克……

　　在行将就木之时，希特勒能用来保卫柏林的，也就只剩这些乱七八糟的家伙了。新组建的 3 个装甲排中，两个排的部分车辆已经无法行动，还有一个排的所有车辆压根就动不了。安装长身管 88 毫米口径 KwK 43 炮的保时捷虎式坦克，只留下了一幅照片和只言片语的资料，具体状况已经无从考证。毫无疑问，面对势如破竹的苏联大军，库默斯多夫和贝尔卡的这点儿试验车，恐怕连杯水车薪都算不上。

▲ 笔者推测这可能是一辆装 88 毫米口径 KwK 43 炮的保时捷 Typ101 虎式坦克。注意炮塔上的战术编号"K01"，这表明它很可能来自正文中提到的库默斯多夫装甲连（译者注：原文可能有误，最新考证观点是，照片中实际上有两辆战车，虎式坦克在前，"黑豹"坦克在后，受拍摄角度影响，看起来像是虎式安装了长身管炮）

◀ 这辆象式自行反坦克炮的驾驶员舱门和机电员舱门都处于开启状态，主炮行军固定器处于解脱状态，车首上的备用履带能起到防护作用

在东线转攻为守后，德军的重型自行反坦克炮、突击坦克和遥控爆破车依然十分活跃。前文讲述了象式自行反坦克炮最后阶段的战斗经历，那么，同为重要支援武器的突击坦克和遥控爆破车，结局又会如何呢？

1944—1945 年的突击坦克营

突击坦克的设计初衷是让血腥的巷战（即如今所谓的"城市战"）速战速决，节省宝贵的时间和兵力。强火力、重装甲让它成为一种高效的支援武器，在 1943 年夏天的库尔斯克战役中初露锋芒。此后，德国又生产了更多突击坦克，组建了多个突击坦克营。

突击坦克在生产过程中得到了持续改进。前 3 个批次（Series Ⅰ～Ⅲ）都在维也纳军械库完成总装。其中，前 140 辆基于翻新的多型四号坦克车体改造，而后 60 辆基于新生产的四号坦克 H 型车体改造。一般而言，德军利用翻新坦克车体改造的车辆都是所谓"次要车辆"，后期改用新车体说明突击坦克的重要性有所提升。从第 4 批次开始，总装工作移交给杜伊斯堡的钢铁工业公司（Stahlindustrie），这一批次的 166 辆全部基于新车体改造，简化了战斗室结构，加装了车长指挥塔，车体正面增设球形机枪座。此外，为缓解超重问题，还换装了强度更高的钢缘负重轮，但机动性已经没有任何改善余地。将突击坦克投入战斗前，必须进行妥善安排和部署，如果考虑不周，就难免会像在内图诺一样吃败仗。

第一个突击坦克营是第 216 营，他们在库尔斯克和尼科波尔表现活跃，于 1944 年调往意大利，在那里一直驻守到战争结束。然而，笔者并没有找到内图诺战役后有关他们的资料。

◀ 来自第 217 特种突击坦克连的一辆突击坦克，它非常适合在华沙的狭窄城区作战

▲ 杜伊斯堡钢铁工业公司的厂房中，一列已经组装完毕的突击坦克正在接受军方验收前的出厂检查，这些战车的车体表面都涂布了防磁涂层

第二个突击坦克营是第 217 营，他们于 1944 年 5 月在格拉芬沃尔组建，参加了 6 月 6 日的诺曼底战役。该营最初只有 18 辆突击坦克，抵达诺曼底时实现满编，共有 45 辆突击坦克。但到 8 月 19 日，能出勤的突击坦克就只剩 17 辆，其余都需要短期修理。在当天的战斗力报告中，营长对训练时间过短（5 周）表达了不满，全体官兵只有 30% 具备实战经验，弹药供应也不充沛。由于超载情况严重，车辆零部件耗损很大，备件供应状况难以满足需求。

1944 年 9 月，第 217 营接收了 3 批共 24 辆突击坦克，但没过多久就在战斗中损失了 5 辆。在鲁昂（Rouen），12 辆受损的突击坦克由渡船转运过塞纳河，维修分队将它们全部修复。然而，这些战车在归队途中燃料耗尽，迫于英军穷追不舍，德军只能将它们悉数炸毁。负责指挥维修分队的军官将这一悲剧归咎于第 5 集团军糟糕的后勤状况。到 10 月初，第 217 营仅剩 19 辆能作战的突击坦克，另有 5 辆在修。10 月底，他们有 22 辆突击坦克能投入战斗，第 3 连返回位于卡门茨（Kamenz）的补充训练单位驻地开展翻修作业。

尽管此时的备件供应状况依然很糟，但营长认为，坚守前线的各下属单位状态良好。

　　1944 年 12 月 8 日，尚有 31 辆突击坦克的第 217 营参加了阿登战役。3 周后，他们的突击坦克数量上升到 36 辆，但碍于许特根森林（Hürtgenwald）的路况极端恶劣，其中只有 6 辆能正常出勤。1945 年 2 月 28 日的战斗力报告表明，他们还有 28 辆能作战的突击坦克。

　　停战前夕，第 217 营已经沦为"叫花子"部队，官兵们大多衣衫褴褛，忍受着病痛与饥饿的折磨。有些人甚至没有鞋穿，虱子也泛滥成灾。由于连天大雨，很多人都感冒了，食物也供应不上来。熬到 4 月，他们总算解脱了，进了美国人的战俘营。

　　1944 年 8 月，华沙爆发大规模起义后不久，德军紧急组建了第 218 特种突击坦克连（StuPzKp zbV 218，zbV 是德文 *zur besonderen Verwendung* 的缩写，意为特种用途）镇压起义军民，随后又组建了第 218 特种突击坦克第 2 连，留在卡门茨第 18 装甲补充训练营的驻

▲ 图中左侧的突击坦克已经喷涂了防锈底漆，但球形炮座外的大型装甲领圈和航向机枪座等重要部件尚未安装

▲ 一辆第四批次的
突击坦克，采用钢缘
负重轮，前几批次采
用的胶缘负重轮因车
重增加经常损坏

地。德军原计划在 1945 年 1 月将这两个连整合扩编为营级单位，但
没能如愿。1945 年 1 月 1 日的一份电报显示，第 218 连最终接收了
43 辆三号突击炮 G 型，实际上已经成为营级单位。

　　第 219 营是最晚组建的突击坦克营，1944 年 9 月成军后一直在
匈牙利和奥地利作战。关于他们，笔者只能找到一些 1945 年 2—3 月
的战斗报告，营长写下的牢骚话与同僚们大同小异：备件紧缺（末级
减速器），车况急剧恶化，弹药和燃料供应不稳定。

重型突击坦克

　　德国武器发展委员会（Waffenkommision）在 1943 年 5 月的会
议上提出开发一种重型突击坦克。这种战车由阿尔凯特公司基于虎
式坦克车体改造，加装了固定战斗室，搭载一具莱茵金属 - 博尔西
格公司（Rheinmetall-Borsig）研制的 RW 61 火箭发射器（RW 是
德文 Raketenwerfer 的缩写，意为火箭发射器），能发射高爆火箭弹
（R SprGr 4581），或对付混凝土工事的空心装药火箭弹（R HLGr
4592），射表最大射程可达 6000 米。1944 年 1 月，这种战车进行了

试射，结果表明精度实在一般：向 1000 米距离上 30 米 × 18 米的目标（与一般城镇房屋的正面投影面积相当）发射 10 枚火箭弹，只有 6 枚命中。

1943 年 10 月，希特勒在观看了重型突击坦克的原型车演示后，批准生产了 12 辆用于执行特种任务。1944 年 8 月，首批 3 辆交付，9 月交付 10 辆，12 月交付 5 辆。随后，陆军总监叫停了生产工作。

以下内容选摘自 1945 年 2 月 24 日的炮兵总监备忘录：

……目前局势很不稳定，无法制订长期计划……B 将军（译者注：原文未说明此人究竟是谁，推测可能是末任陆军武器局局长瓦尔特·布勒步兵上将）已通知我们，2 月计划生产 150 枚 38 厘米火箭臼炮（*Wurfmörser*）弹药，但碍于推进药储备量不足，只能完成 100 枚。我已要求海因里奇将军（Hinrici）按现有 18 门炮的需求调整生产计划。

▼ 一辆"突击虎"的车组正利用装在战斗室后部的手摇起重机，小心翼翼地将一枚 380 毫米口径火箭弹吊上车，这辆车采用了"光影迷彩"（*Licht–und–Schatten Tarnung*，有时也称"埋伏迷彩"）涂装

虎式突击臼炮（*Panzer-Sturmmörser* Tiger），也就是俗称的"突击虎"，装备了第1000、第1001、第1002三个独立突击臼炮连（PzStuMrsKp），他们都只有基础后勤单位，战时要依赖独立重型装甲营的相关单位完成回收和维修工作。

◀"突击虎"原型车，配装一具380毫米口径火箭发射器，战斗全重足有65吨，已经达到虎式坦克动力系统的承载极限

1944—1945 年的无线电遥控装甲部队

1944 年，营级规模的无线电遥控装甲部队只剩下第301无线电遥控装甲营。库尔斯克战役结束后，第302无线电遥控装甲营被解散，第313和第314无线电遥控装甲连则分别划归两个重型装甲营指挥。

第301营曾经与兄弟部队一道在意大利内图诺行动，那里泥泞不堪，无论较重的引导车，还是较轻的 B Ⅳ 遥控爆破车，都难以正常机动，几乎无法作战，它们就像第216突击坦克营的突击坦克一样施展不开拳脚。

1944 年 6 月，第302营在法国武济耶（Vouziers）重建，接收了新开发的 B Ⅳ C 型无线电遥控爆破车。8 月，他们接到命令前往波兰执行特种任务（*Sonderaufgabe*）。

特种任务

波兰从 1939 起就一直被德国占领，无论在村镇，还是在华沙这样的大城市，人们的生活都可谓水深火热。与其他沦陷国一样，波兰国内的抵抗活动也不曾停息。1944 年 6 月，"巴格拉季昂行动"开始后，苏军一路向西挺进，于 7 月中旬进入波兰境内。尽管如此，德国针对波兰人的镇压力度有增无减。8 月 1 日，波兰国内军突袭了华沙的德国驻军。德国人当时在华沙只有一些警察和二线部队，战斗力低下，波兰国内军很快就取得了重大进展。8 月 3 日，德军将隶属空军的"赫尔曼·戈林"伞兵装甲师调到华沙镇压义军，但始终无法消灭抵抗力量。

负责平息局势、镇压义军的不是别人，正是臭名昭著的党卫军全国领袖海因里希·希姆莱（Heinrich Himmler）。

第302无线电遥控装甲营带着108辆新配发的 B Ⅳ C 型遥控爆破车赶往华沙，抵达时有84辆能投入战斗。全营官兵还要学习如何使用相对陌生的 B Ⅳ C。他们本应全额配备30辆作引导车用的突击炮，但实际只有24辆，这让营长颇为不满。他们在之前的战斗中损

突击臼炮连（"突击虎"）

1944 年 9 月 15 日发布的 KStN.1161 战斗力统计表标准编制

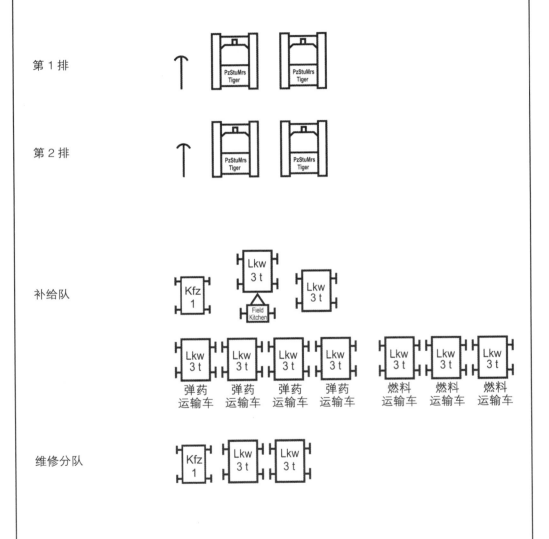

第 1 排

第 2 排

补给队

维修分队

失了 6 辆突击炮，还有 9 辆在修。1944 年 8 月 1 日的战斗力报告显示，上级为他们调拨了 3 辆四号坦克作指挥车用（注意不是引导车），但还没有到位。针对 B Ⅳ C 展开的培训工作也正在推进中。

1944 年 9 月，第 311 无线电遥控装甲连并入第 302 营，这让他们的 B Ⅳ总数上升到 144 辆，其中 72 辆能投入战斗。40 辆引导车中，有 8 辆在修，3 辆四号坦克指挥车已经到位。

8 月 13 日，第 218 特种突击坦克连带着 10 辆突击坦克抵达华沙。6 天后，装备 2 辆"突击虎"的第 1000 突击臼炮连也抵达华沙。对刚入列的"突击虎"而言，在华沙执行任务无疑是一次绝佳的实战演习。这同时也是绝佳的宣传题材，第三帝国的新闻片《新闻周报》（*Wochenschau*）中就出现了"突击虎"的身影。

这三支"特种部队"与其他部队并肩作战，但没有留下战斗或总结报告。可以肯定的是，遥控爆破车和突击坦克的威力在华沙得到了充分发挥，对它们而言，摧毁义军的房屋或水泥路障可谓易如反掌。它们在街巷里横行无阻，缺乏重型反坦克武器的义军毫无招架之力。这恐怕是德国军工产品最后一次在战斗中取得"压倒性优势"。

1944 年 9 月 9 日，第 218 特种突击坦克连调离华沙，重新部署到法国。第 302 无线电遥控装甲营回到格拉芬沃尔训练场。3 周后，波兰国内军投降，华沙起义宣告失败。

后来，第 302 无线电遥控装甲营划归大德意志装甲掷弹兵师指挥，在东普鲁士迎来了战争的终结。

浅尝辄止的评估

由于缺乏原始资料，且很多既有资料语焉不详，我们很难对"费迪南德"自行反坦克炮、突击坦克和无线电遥控爆破车所发挥的真实作用进行客观评价。前人的评价大多充斥着"优秀""强大""无用"这些流于表面的词汇。妄加推测并不是一种有益的处事态度，但不幸的是，即使在史学界，这种情况也屡见不鲜。话说回来，在谈论"费迪南德"（某种意义上，它是自行反坦克炮的代表作）这类耳熟能详的武器时，人们总会有些先入为主的想法。

"费迪南德"脱胎于竞标失败的保时捷 Typ 101，这型坦克本来就不可靠，问题缠身，因此才被德军抛弃。几乎所有关于"费迪南德"的战斗报告中都会出现"不可靠"这类字眼，像东线那样自然条件恶劣的地方，肯定不是"费迪南德"的理想战场。

▶ 华沙的残垣断壁间，两辆处于防御状态的无线电引导车，它们基于三号突击炮 G 型改造，第 302 无线电遥控装甲营有一部分突击炮配装的是与三号坦克同型的侧裙板，尺寸相对较小

　　就苏军 1943 年中期的火力水平而言，"费迪南德"的装甲防护水平可谓坚不可摧，88 毫米口径 PaK 43/2 也是德军当时威力最大的反坦克炮。然而，庞大沉重的身躯让"费迪南德"处处受阻，当它陷入泥沼无法自拔，或因发动机过热而抛锚时，"甲坚炮利"的优势还能派上什么用场呢？这个问题看似简单，其实并不好回答。

　　不可否认的是，尽管德军在库尔斯克发起的攻势没能圆满收场，但第 656 重型坦克歼击团依然取得了耀眼的战绩。此后，一些故障频发、已经无法长途奔袭的"费迪南德"还拼尽全力，帮德军守住了尼科波尔的战线。

▼下页图：一队德军步兵正从第 217 突击坦克营的突击坦克前走过。营长勒莫尔少校（Lemor，画面远处中间站立者）左腿受伤，打上石膏后坚持作战

　　然而，德国人在"费迪南德"上下了这么大功夫，到底值不值得？费尽心思去改造问题层出不穷的保时捷 Typ 101，究竟能不能换来一种威力强大、性能可靠的武器？笔者对此持否定态度。

　　战斗中，重装甲车辆能凭借防护优势尽量逼近对方阵地，从而充分释放火力。然而，身为超重型战车，在与对方坦克交战时，"费迪南德"的效能要明显低于后期型四号坦克、"黑豹"坦克和虎式坦克。无论防守时还是进攻时，这些"相对轻盈"的战车都展现出了更高的机械性能和战术机动能力。

　　对于远程反坦克任务，"犀牛／大黄蜂"自行反坦克炮就已经足

▲ 一辆三号突击炮G型无线电引导车上覆盖着一大块帆布，罩住了主炮防盾。注意它左前挡泥板上的战术标识，字母"B"是连长的姓氏首字母

▶ 第302无线电遥控装甲营的全体官兵在搭乘火车前往华沙前举行了检阅式，图中的军官正在点名

够了，它的主炮弹道性能与"费迪南德"相差无几。更何况，维持一个营（45 辆）的"犀牛"正常运转，要比维持第 653 营正常运转省心省力得多。

　　突击炮的设计已经相当成功，而突击坦克是突击炮的进一步发展。德军计划用它们对付混凝土工事或城镇建筑，但实际上它们往往要在郊野作战。在很多人看来，突击坦克是一种攻守俱佳的武器，主炮火力强大，装甲也足以保护所有车组成员，但无论突击坦克，还是更重的"突击虎"，都与"费迪南德"同病相怜，在机动性上一无是处。

　　在防御战中，孱弱的机动性无疑限制了突击坦克的发挥。如"蟋蟀"自行步兵炮（装 150 毫米口径 sIG 33 炮）一般灵活迅捷的战车，也完全能在中近距离上提供精准的支援火力。

　　无线电遥控爆破车是一种专业工兵装备，要在所有作战环境下全力支援其他作战部队，它的实际作用并没有脱离工兵的任务范畴。德军的作战单位中一般都编有直属工兵排，以保障作战任务顺利开展。

▲ 遥控爆破车携带的炸药引爆后，会在地面上炸出大坑，影响引导车行动。第 302 无线电遥控装甲营的一辆三号突击炮就掉进了大坑里，另外两辆三号突击炮正奋力将它拖出

▶ 在华沙作战的一辆突击坦克（生产型第四批次），巷战中侧裙能有效保护行走机构，但这辆车的侧裙板已经连同架子全部遗失了，注意它的钢缘负重轮和战斗室上容纳航向机枪的凸出部分

然而，德军在组建无线电遥控装甲单位时，却采用了规模相对较大的编制级别（连级或营级）。这一级别的作战单位通常是集团军直属单位，在具体的行动中再配属集团军所辖作战单位。

早在 1942 年，第 300 无线电引导装甲营就已经崭露头角。相对先进的战术让德军的武器威力得以充分发挥，在面对秩序混乱、战斗力低下的对手时更是如此。塞瓦斯托波尔（Sevastopol）的很多苏军碉堡和火力点都是被无线电遥控武器摧毁的。

仅仅过了两年，战争的天平就倒向了另一边。从官方宣传材料上看，德军开展的是所谓"经过周密谋划的收缩战"。与此同时，无线电遥控装甲单位的专用车辆也面临着严重的技术瓶颈。在执行任务前，他们必须耗费大量时间去调校引导车上的无线电发射机和接收机，以及 B Ⅳ 上的接收机，使它们的信号频率保持一致。型号越老，调校所需时间就越长。这种情况下，B Ⅳ 很难按计划投入战斗。

受制于此，引导车（突击炮和虎式坦克）经常会作为普通战车走上前线。正如前文所述，B Ⅳ 有时还会成为德军撤退时的"断后利器"，只要引爆时机得当，剧烈的爆炸就能让穷追不舍的对手暂时丧失作战能力，从而为己方的有序撤退赢得时间。

"歌利亚"线控爆破车的个头要比 B Ⅳ 小得多，操作方法也更简

▼ 德军官兵正在华沙的废墟中修理两辆三号突击炮引导车和一辆来自营部连的四号坦克指挥车

▶ "守望莱茵行动"，或者说阿登战役开始前，第217突击坦克营的突击坦克正开往前线

单。最初，只有个别专业单位会装备"歌利亚"，在逐渐认识到它的优势后，德军才将它推广到前线师属工兵单位，这显然是个明智的决定。

大规模普及遥控武器无疑是极具前瞻性的策略，如今，各类无人遥控装置已经历经战火考验，成为高效的情报侦察和火力投送平台。

结语

▶ 柏林战役结束后，菩提树下大街（Strasse unter den Linden）一片狼藉，画面远处可见勃兰登堡门，近处的车辆残骸中有一辆宝沃 B IV 遥控爆破车。在柏林战役期间，有些 B IV 加装了一个可容纳6具 RpzB 54 反坦克火箭筒的发射架，当作坦克歼击车配发给第1坦克歼击营（PzVernAbt 1）

"费迪南德"/象式自行反坦克炮、突击坦克和无线电遥控爆破车，都是高度特化的武器，它们都能出色地完成"本职工作"，但一些严重的技术缺陷又极大限制了它们的任务弹性，这导致德军在使用它们时总是瞻前顾后。

如果德军能在进攻中无往不利，这些武器就能充分发挥优势，起到锦上添花的作用，但只要进攻受阻，这些武器的机动性缺陷就会暴露无遗，让战局雪上加霜。

在德军丧失主动权，转攻为守后，局势就一直向着无可挽回的方向发展。当被动驰援成为任务常态时，机动性缺陷就很可能成为"阿喀琉斯之踵"。移动缓慢或陷入泥沼的战车是完全派不上用场的，而无法回收的受损战车要么坐等落入敌手，要么就只能接受被自己人摧毁的命运。

抛却战略战术因素不谈，费迪南德·保时捷博士和他的团队所创造的这些"战争机器"，仍然堪称工程设计和技术领域的杰作。

致　谢

我特此向以下为本书创作提供帮助、建议和图片资料的朋友表示感谢。

尤其要感谢卡尔海因茨·蒙克（Karlheinz Münch），允许我在他庞大的图片资料库中自由挑选本书所需素材。此外，马库斯·亚格特茨先生（Markus Jaugitz）也提供了很大帮助。

我在此推荐以下出版物，供读者朋友拓展阅读：

《第653重型坦克歼击营战史》，蒙克著，费多洛维茨出版社（*Combat History of sPzJgAbt* 653，K. Münch，Fedorowicz）
《德国无线电遥控装甲部队战史1940—1943》，亚格特茨著，席费尔出版社（*German Remote-Control Tank Units* 1940—1943，M. Jaugitz，Schiffer Books）
《德国无线电遥控装甲部队战史1943—1945》，亚格特茨著，席费尔出版社（*German Remote-Control Tank Units* 1943—1945，M. Jaugitz，Schiffer Books）

本书引用的档案资料来自弗莱堡的德国联邦档案馆/军事档案馆（Bundesarchiv/ Militärarchiv）、华盛顿的美国国家档案与记录管理局（NARA），以及普鲁士文化遗产研究会（Stiftung Preussischer Kulturbesitz，BPK Images）。

我会永远怀念已故的汤姆·延茨（Tom Jentz），他是第二次世界大战德军装甲车辆历史研究领域的绝对权威，我从他的研究成果中受益良多。我在此推荐延茨主笔的"Panzer Tracts"系列图书，这些图书能让你对德军装甲车辆的认知更进一步（www.panzertracts.com）。

历史真相公司（Historyfacts）的彼得·穆勒（Peter Müller）是我的挚友，他向我提供了建议和帮助，以及大量宝贵的历史照片。

卡尔海因茨·蒙克和沃尔夫冈·施耐德（Wolfgang Schneider）所著的有关德军自行反坦克炮和突击炮部队，以及重型装甲单位的图书，也值得读者朋友参考阅读。

为本书提供图片的朋友包括：

沃尔夫冈·施耐德（Wolfgang Schneider）
瓦尔纳·雷根伯格博士（Dr. Werner Regenberg）
亨利·霍珀（Henry Hoppe）
弗洛里安·冯·奥夫赛斯（Florian von Aufseß）
大卫·多伊勒（David Doyle）
马库斯·亚格特茨（Markus Jaugitz）
马库斯·措伦纳（Markus Zöllner）
谢尔盖·涅特列布科（Sergei Netrebenko）
马克西姆·科洛缅茨（Maxim Kolomiets）
尤里·帕舍洛克（Yuri Pasholok）